文字
独照
未来

TopBook

李昊 著

小地方

关于空间的漫游

陕西新华出版

陕西人民出版社

图书在版编目（CIP）数据

小地方 / 李昊著 . -- 西安 : 陕西人民出版社，

2024. -- ISBN 978-7-224-15434-4

Ⅰ . TU984

中国国家版本馆 CIP 数据核字第 20241TF358 号

出 品 人：赵小峰
总 策 划：关 宁
出版统筹：韩 琳
策划编辑：武晓雨 凌伊君
责任编辑：王 倩 张 婧
装帧设计：杨亚强

小地方
XIAO DIFANG

作 者 李 昊
出版发行 陕西人民出版社
（西安市北大街 147 号 邮编：710003）
印 刷 陕西金和印务有限公司
开 本 889 毫米 × 1194 毫米 1/32
印 张 13
字 数 232 千字
版 次 2024 年 9 月第 1 版
印 次 2024 年 9 月第 1 次印刷
书 号 ISBN 978-7-224-15434-4
定 价 69.80 元

北方大地
鹤岗，2023
—〰—

小城之春
鹤岗，2023

天下大同
大同，2018

流水之城
丹江口，2023

城市之光
北京，2022

城市之光
北京，2019

冬日旅人
张家口，坝上，2017

古城新与旧
商丘，2023

越过山丘
十堰，2022

城中草原
包头. 2018

迷离骆驼

乌兰哈达火山，2018

山水

北京，2023

下沉下去，到小地方

2012 年下半年，我离开北美，准备结束四处漂泊的生活，回国彻底安定下来。我先到欧洲，进行了一场近百天的旅行，造访了以前没去过的数十个城市。那些城市有着丰厚的历史积淀、特色鲜明的风貌以及宜人的环境。它们如璀璨的群星，承载着绚烂华丽的人类文明。旅途中我有一大半的时间是沙发客或者借宿在当地好友的家里，也曾偶尔露宿街头，与欧陆城市进行深入的接触。旅行结束后，我放弃了花一周时间通过西伯利亚大铁路回国的计划，而选择了从莫斯科直飞上海。在离开莫斯科的航班上，我的邻座是一位去亚洲淘金的俄国模特。她身材纤细，金发碧眼，嘴唇丰满，像一个真人版的芭比娃娃。我问她对中国的印象，她说她只熟悉上海，"splendid（华丽的）"，她用生硬的英文这样描述这个城市。

到了上海后，我暂住在大学同学家里，一套位于郊区新城的公寓。我瞬间感到一下子来到了尽是标准厂房的工业区。旅行的疲惫让我倒头便睡，睡梦中梦到一个硕大工厂里的流水线连绵不断，进行着无休止的生产，把人装入一个个罐头之中。而后的日子，好像是一场梦，更像从梦中醒来。从那之后，我投身到人类有史以来最宏大的城市化氛围中，坠入"基建狂魔"的幻梦。在一个既"高大上"又小众的行业中，与时代的宏大叙事共同起伏。我在各个城市广泛参与项目，陆续走遍了全国各地。作为设计者，也是参与者，看到一座又一座高度雷同、模糊了地域特质的城市。国际化的噱头之下，现代主义的铁腕一统江湖。单调的城建图景滋生出疲惫，记忆落在土地上风干成粉末。曾经无比坚固的东西烟消云散了，而另一些东西又变得更加坚不可摧。时间悬置，并缓缓下沉。物质和事件成为主角，人只留下背影。

在 21 世纪的前两个十年里，中国拥有世界上首屈一指的工业和建筑产能。不同的是，中国制造的商品远销全球，而制造的城市则自产自销。肇始于第三次工业革命之后的中国的城市化，必然伴随着现代主义制式的"千城一面"。海量的钢筋水泥，经由现代建造体系下的流水线，形成标准化的基础、梁、柱、楼板、楼梯，进而像乐高积木一样，按照规范组合成建筑群体和城市。我们目睹了老城的日渐衰落以及新城新区的遍地开花。同质化的城市让人感到乏味和绝望，走遍万水千山也找不到新鲜感。

正是我们经历过的无数琐碎、漫漶的片断，构成了我们这平凡而珍贵的生命。

李舟

小地方

关于空间的漫游

少年好作大言：家国百姓、社稷江山。在电脑前，在汇报台上，在饭桌上，写的、讲的、想的，都是大词：国家战略、顶层设计、新型城镇化、城乡统筹、产业集群、生态文明、数字化转型……潜意识里，"大"往往与"正确"相伴。即便是一个小镇，也能将其发展定位提升到亚欧大陆桥的重要节点这个高度。心中装着全国乃至世界的地图，却与人的尺度（human scale）渐行渐远，更遑论日常生活中的诗意。在迷失于千城一面、沉溺于宏大叙事之后，我开始困惑：我是否真正了解这片土地？人究竟应当如何诗意地栖居？我们真正的快乐在哪里？

少时读《庄子》，看到东郭子向庄子请教："道究竟存在于什么地方？"庄子说："道无所不在。"东郭子一定要庄子指出具体的地方。庄子便说："在蝼蚁之中，在稻田的稗草里，在砖头瓦块里，每下愈况。"道无形，而又无所不在。大处高处远处有道，而小处低处近处更加有道。愈往下沉，愈能在看似乏味庸常的表面之下，发现缤纷多彩的生活细节。

因此，唯有沉下去。从浮躁的半空中，没入现实的水面之下，去寻觅细微之处的真相。卡尔维诺在《看不见的城市里》写道："城市不会泄露自己的过去，只会把它像手纹一样藏起来，它被写在街巷的角落、窗格的护栏、楼梯的扶手、避雷的天线和旗杆上，每一道印记都是抓挠、锯锉、刻凿、猛击留下的痕迹。"而在《忧郁的热带》中，列维-斯特劳斯这样说："去闻一闻一朵水仙花的深处所散发出来的味道，其香味所隐藏的学问比我们所有书本全部加起来还多。"

下沉下去，到小地方。小地方之于我，有两重含义。一是地域概念上的："十八线"小城、基层、乡镇、村庄、原野，在远离舞台中心的、聚光灯所不及的地方，"礼失而求诸野"。二是颗粒度上的：都市生活中司空见惯的细节、平凡的事物、难言的情愫，都隐匿在宏大叙事的背后。在官方与主流话语塑造的意象之外，个体对于这个世界有怎样的细碎感受？我们需要将自己的身段和姿态放低，去进行细致入微的感知。正是我们经历过的无数琐碎、漫漶的片段，构成了我们这平凡而珍贵的生命。

天文学家莱斯利·佩尔蒂埃从没有在专业天文台工作，而是在自家的玉米田里遥望星空。他一生共发现了 11 颗彗星，让许多天文学家望尘莫及。或许我们需要的不是走遍天涯，而是从一个全新的视角，在小地方去感知世界，你能看到乡土的、外来的、流行的、拼贴的、原生的、移植的、冷漠的、动人的、现实的、功利的、粗鄙的、伟岸的、卑微的、庸俗的、高尚的、浅薄的、矫情的、坦荡的、光辉的、隐涩的、偏执的、虚伪的等等一切要素。事物丰富的程度随着尺度的递减而递增。

按照旅行作家保罗·索鲁的说法，旅行是一种心态，与外在事物或异国风情无关，而关乎内在体验。于是，出差、调研，以及日常的通勤，都可以当作人生的旅行。做一个生活观察者和城市漫游者，在充斥着繁文缛节的工作中，每一秒的间隙，都可以观察城市与人的细节。你会发现，即便是看上去千篇一律的城市，仔细观察后也能发现耐人寻味、异彩纷呈的内涵。从小广告中能解读出地方经济和产业的特色；从房产中介门店前的数字中，能看出人们用脚投票的选择；和出租车司机聊天，能感受到城市文明的程度；听路边年轻人谈婚论嫁，能了解到城乡变迁和人员的流动。城市开始变为具体的、形象的画面，正如简·雅各布斯笔下的"街道的芭蕾"。在一幕幕情景剧之中，生活的场景徐徐地展开，没有彩排，亦无重播。而观察者本身也是剧情的一部分。

风景隐藏在寻常生活之中。以旅行者的姿态进行城市漫步，建筑、景观和街道都会变得更具可读性。你可以靠近它们，拥抱它们，开动更多的感官，从那看似死寂麻木的钢筋水泥中感知到温柔。你会发现很多平日我们视而不见的东西，能够对同质化的城市进行重新审视、解构与再造。即便是在机场——建筑师库哈斯称之为全球城市同质化的象征，阿兰·德波顿也能写出一本《机场里的小旅行》。作为伦敦国际机场的"首位驻站作家"，他在那里待了一周，记录下了各色人物的活动场景。在他眼里，机场不再是旅行者出发和到达的场所，而是具有文化美学的博物馆。

在工作中，作为一名城市规划师，我总是基于上帝视角俯瞰地图上的城市，脑海中充斥着一种造物主般的幻想。在生活中，我更喜欢本雅明那种"都市漫游者"（Flaneur）的闲散洞察。正如波德莱尔笔下的画家居伊，那种波希米亚式的游荡，与城市的细节交互出诗意盎然的跃动。每到一个新的城市，我都喜欢成为一个小人物，沉浸在那个城市的人海中，漫无边际地漂流。参与那里的日常生活，比如寻找在大都市几乎绝迹的裁缝店，修补书包和衣服的拉链。学着用方言和当地人士聊天，被识破后用久居外地来解释。"匿名性"是漫游者的特权。我最喜欢的是在出租车上，随机编造一个身份，譬如为爱私奔的中年大叔，微服暗访的人员，少小离家老大回的本地人，热爱中华文化的美籍华人，……和出租车司机展开一场即兴的社会实验。生活的细节，比报告上的数字和图表更加真实。

此刻的我，正和无数忙碌的北漂们一样，搭夜班公交车回家。透过车窗这个取景框，我每天都切身体会到"世界是个剧场"的比喻。此刻从窗外的街景看不出季节，城市灰蒙蒙的，一片晦暗。很少有人会发问：我们为什么会相聚在这个巨大又茫然的城市？茫然四顾，或许我们当年因一些宏大的理想来到这里，而如今却无一例外地被琐碎的生活拷问。夜色的地域性和时间性是模糊的，过去和未来不明。路两侧很少有适合驻足的温暖小店。小商铺愈发稀少，像是濒临灭绝的高危物种。初春时节乍暖还寒，黑色的夜海从四面八方涌进街道，行人步履匆匆。他们缩着脖子，像是打地鼠游戏中不小心从洞里露出头来的鼹鼠，急迫地快速逃离。深色调的大衣像是一层保护色，让他们与北方的夜融为一体。

我开始望着窗外神游：我们与周遭真正的关系是什么？公交车经过的一个校门口，十几年前我曾坐在花台的护栏上，在焦虑中等待一位朋友的到来。在往后的几千个日夜里，这一平方米的花台，又见证了多少年轻人的欢愉与心碎？一辆摩托车在辅路上呼啸而过，就在它和公交车站交错的那百分之一秒，城市里有多少光影发生变幻，多少鲜花含苞待放，多少信息和资金流瞬息万变，多少人在希望和绝望之间反复摇摆？一刹那的光影，一瞬间的花开花落。光阴里的无数个量子的纠缠，一生无法抵达的世界。我突然想起很多年前看卢新华的小说《细节》，里面有这样一句话："大事留给上帝去抓吧，我们只能注意细节。"

准备下车时，发现在车厢里靠近后门处，一片绿色跃入眼中。一个女生染着一头纯绿的头发，穿着一身深绿的大衣，深色的裤子，脚上是一双亮绿色的靴子。她安静地坐在那里，整个人就像是春天的一片树林，为这座灰蒙蒙的城市增添了一抹亮色。车厢里的人都在看着手机，在赛博世界心系世界大势，但少有人抬起头看身边的人们。这片绿意让人感到内心的抚慰和鼓舞。就在这一刻，我真的相信宇宙存在于果壳之中，那里有真理、爱和力量的存在。

是为小地方。

目录

第一章 大时代

我每天早上起床，都会被改良世界的欲望和享受世界的欲望搞得不知如何是好。

——E.B. 怀特

都市三十年

Urban

　　20世纪80年代末，尚未进城上幼儿园的我，还和我妈住在豫南小镇。我妈在镇中学教书，我们住在中学家属院的平房里。有一天，有人到镇中学推销自制的副食。我妈买了好几个大酥饼干，是常见饼干的数倍大，能覆盖巴掌。我对于这件事的记忆很是模糊，不过记得带我的一个阿姨对我说："农村人吃煎饼，城里人吃饼干。"小镇是城市和乡村的过渡带。当时的我，可能就是在那一刻，体会到了都市的特性。它说不清道不明，但在日后多年里缭绕在我的人生之中。许多年后，我学了城市规划专业。这专业在国外有许多种名称，最常见的名称是Urban Planning或City Planning。那么urban和city，哪个词更能代表城市？

对此，学术界有各种定义、概念和解读，而我则在迈克尔·杰克逊的音乐中找到了答案。在关于他的一篇文章中，我首次看到对他的音乐风格的定义——Urban（都市音乐）。Urban又被称为Urban Contemporary，起源于20世纪70年代，从R&B与Soul衍生而来，并于80年代和90年代发扬光大。听到这个名字，你能想象到当年那种迪斯科舞厅：灯球打出五颜六色的光，都市男女们随着迈克尔·杰克逊歌曲的节拍跳动起来。

根据马克斯·韦伯的说法，city特别突出空间单元的法定意义，这个单元是一个行政实体。与之相对应，urban更突出城市的社会属性。按照列斐伏尔的空间理论，融合社会经济诸多因素的城市空间，不再仅仅是我们进行生产的场所，而成为我们生产的对象，即空间的生产。urban意味着都市性与都市的生活方式，现代城市的特性、气质、品格与风尚蕴含其中。摇滚乐是20世纪60年代的都市理想和激情的代表，而流行音乐和电子产品则在20世纪80年代随新自由主义席卷全球。urban的气质，是当年引领青年风潮的电影《霹雳舞》，是童年的变形金刚玩具、大大泡泡糖、印着哆啦A梦的铅笔盒和滚轴溜冰鞋。长大后，你会在网络上翻阅Urban Dictionary（都市词典），那里面充斥着都市青年们才能理解的俚语。

你会会心一笑，urban 便是这样一种幽默。

大院

童年的我在大院长大，那是一个空间上位于城市中，但文化上并非都市的地方。大院文化形成于计划经济时期，带有军事化的特征，而部队大院则是这种文化的终极呈现。在豫北小城里，我生活的那座部队大院，就像是一个乌托邦，独立于那座城市的肌理而存在。大院的墙内和墙外几乎是两个世界。在大院里成长的我，对于外界的都市性，自然是缺少认知的。对我而言，大院是我童年的伊甸园，是塑造了我精神的理想城市。大院就像是我童年的一片海，让我在其中自由地航行。

部队大院干净整洁，是一座园林式的兵营。在市场经济逐步兴起的年代里，依旧洋溢着革命情怀。高音喇叭的广播覆盖整个大院，定时播放的音乐帮助大院人构建了生活的稳定节奏。广播白天会定时播放各种经典革命歌曲，以及如《军营男子汉》那样的军旅歌曲。晚上则会在固定时间响起熄灯号，带人们入眠。大院的整体规划布局，如今看来颇得霍华德花园城市理论的真传。楼房整体密度不高，各种花园绿地穿插其间。家属院住宅区容积率非常低，而绿化率极高。两栋三层苏式红砖公寓楼之间，布局着超大面积的草坪。时至今日，也极少有高端商品房小区能拥有这样奢侈的空间设计。家属院之外，大操场广阔宽敞，平日里很少有人。漫步其间，仿佛置身于独属于我的原野。而在夏天，露天电影会不定期地在那里放映。士兵们带着小板凳，整齐地坐在银幕前。在整齐划一的军人队列后面，便是儿童们的乐园。我和其他孩子自由地穿梭在草丛里，边游戏边看电影。那可以说是一个充满着田园牧歌的理想国。

我经常和小伙伴们玩到深夜才回家。散去时，总听到大喇叭里传来一段纯音乐，悠远又饱含柔情，动人心弦。后来很多年里这段旋律都在我心底深处反复回响，我却无从考证它的由来。直到刚上大学时，一个偶然的机会我才发现那是《水中花》的伴奏。当时并没有过多感叹时光流逝，只是简单地欣喜，平和又温馨的感觉在心底升起又缓缓沉下。那段音乐过后，便是军号吹响的熄灯号，然后整个世界一片宁静。小伙伴们纷纷回家了，只有我一个人还在闲逛。夏夜里，草丛里鸣虫窸窸窣窣。昏黄的路灯将空无一人的道路照得一片金黄，小飞虫围绕着灯泡在盘旋，黑色的小点在炽热的灯罩上游走。墙上有壁虎在爬，迅疾出现又迅疾消失，不留下一丝影踪。童年时的许多情景如今回忆起来都模糊一片，留在心里的尽是旧时光那淳朴又古典的情绪。

多年后我到了沈阳铁西区。当我漫步在建成于计划经济时期的大厂区时，部队大院的气息又一次浮现出来。红砖砌成的苏式公寓

沈阳市铁西区的大厂区，散发着一种兵营的气质

楼，整齐划一的小区布局，连片的绿地，以及隐约出现在空气中的集体性和纪律性的味道，都似曾相识，我仿佛经历了一场时空穿越的旅行。在工人宿舍区穿行时，我总想起童年时在部队大院的场景：月朗星稀，林荫道上人影忽明忽暗。走过苏式红砖楼，能听到女人正在唱着歌谣哄孩子入睡。每到寒冷的冬夜，在关上日光灯后，我又打开台灯读书。外面的大雪漫无边际、纷纷扬扬地落在草丛上。单元楼的楼道里挂上了准备迎接新年的大红灯笼。从屋里向外看去，红色的光洒在雪白的步道上，显得有些不真实。屋里的暖气片热得发烫，必须在上面放上几个盛满水的盒子，以防止屋里过度干燥。此刻世界寂静无声，万物无比轻柔，我们不由自主地坠入其中。

从斯宾塞的军事社会与工业社会的理论来看，大厂区和部队大院，都是一种封闭的、集体组织的军事社会，而大院之外的城市，则属于工商业文明塑造的现代社会。后来我走出了大院，外面的世界异彩纷呈，都市性已然繁盛。

Tang 果珍

流线型的玻璃圆罐、橘红色的盖子，淡红稍偏粉的粉末，是Tang 果珍经典的产品形象。它对我的人生并未产生重大影响，但是我认为对于都市性的回溯来说，它是一个极好的叙述线索。

我们或许是最后一代有着物质匮乏记忆的人。童年时，小卖部里尽是一毛钱的冰块、两毛钱的"唐僧肉"、三毛钱的汽水，而一块钱一包的虾条已经是奢侈品了。当时中央电视台经常播放的一个饮品广告让我们大开眼界。广告里，冬日的窗外白雪皑皑，屋子里一个小男孩拿着航天飞机模型张望着窗外。这时他的母亲冲调出几杯 Tang 果珍端了上来。玻璃杯中的速溶冲剂化为华丽的果浆，冒出的热气让人隔着屏幕都感到温暖，似乎能闻到空气中弥漫的香气。刚回家的父亲也坐到桌边，一家三口举杯畅饮，在寒冷的冬日里，尽享温馨一刻。这个广告有着不同凡响的质感，让人印象极为深刻。后来 Tang 果珍还推出了一些其他版本的广告，尽管那时中产阶级这个词语尚未被使用，但 Tang 果珍的广告，则提前很多年向人们强力宣传了这种代表中产生活方式的产品。

在人们对于冲调品的印象还停留在麦乳精的年代，Tang 果珍以一种卓尔不群的气质，开启了味蕾对于都市性的想象。三十元一罐的果珍，伫立在大型百货大楼食品专柜最显眼的位置，在众多国产饮品中脱颖而出，鹤立鸡群。它是当时普通人一周工资的等价物，更代表着一种时髦、国际化的意向。购买果珍，并不仅仅是买了那个橘红的玻璃罐，而是攀上了广告中所展示的那种极具品质感的生活方式。我始终觉得这个广告具有极强的超前性，尽管它并没有造成巨大的轰动，而果珍在当时也一直是小众产品，但看过那个广告的人都会对"果珍，太空时代饮品"的广告语记忆深刻。广告里小男孩手上的航天飞机似乎是一种隐喻：新的时代即将到来，将带着我们的想象冲破天际。

事实上，广告里出现航天飞机并非毫无理由。Tang果珍曾长期是美国航空航天局官方的指定饮品，因此其包装上也带有航天飞机的标志。与传统橙汁相比，Tang果珍的口味更好，但植物纤维极少，不会促进身处机舱内的宇航员快速代谢，因而成为宇航员的最爱。Tang果珍之所以有这样的特性，是因为它并非由果汁做成的粉末，而完完全全是人工合成的化学物质。二战后，美国迎来婴儿潮，妇女们也纷纷走上工作岗位。社会大环境催生了在家庭中快速冲调食物的大量需求。食品巨头们开始尝试用各种制剂进行人工食物合成，创造新的产品和需求，果珍便是美国历史上首个完全用添加剂制成的饮品。它易于保存，能够及时冲调，口感良好，深受孩子们喜欢。但它的组成成分是白砂糖、维生素C、焦磷酸铁、食用盐、食用葡萄糖、柠檬酸、食用香精、蔗糖素、二氧化钛、柠檬黄……它包含一切，唯独不含橙汁。一切都是人造的，好似发达的人工智能一般，工业流水线为我们的味蕾提供了高度仿真的感受。

在那个时代的广告里有这样的画面：典型的美国中产阶级家庭

中，金发主妇拥抱着畅饮果珍的孩子。广告词是"果珍有我们喜欢的橘子口味和我们需要的全部维生素C"，听上去是那么完美，正如20世纪六七十年代美国中产家庭闪闪发光的形象。果珍、中产阶级、航天飞机，串联起一个商业资本的梦幻故事，也成为美式文化的象征。即便在美国航空航天局已经不再使用果珍的多年之后，奥巴马在和太空中的美国宇航员连线时还调侃道："你们是否还喝果珍呢？"

购物

Tang果珍成为席卷全球的商品经济大潮的缩影：它能够被快速消费，具有良好的用户体验，更重要的是拥有精致诱人的包装。各国都以标准化的形式生产、运输和销售果珍。最重要的是，它有一套独特的叙事，代表着一种无从抗拒的都市性，是不是真正含有橘子成分不再重要。从某个时期开始，产品的内容开始让位于形式。也是从这个时期开始，与大院生活关系密切的那些"经典国货"，在市场上逐渐被果珍这样的国际产品取代。跨国资本席卷全球，五光十色的物质世界扑面而来。一种更为全球化和普适性的叙事，开始渗透到生活的方方面面。消费主义澎湃激荡，所有人都或主动或被动地投入其中。与充斥着反叛精神的霹雳舞和摇滚乐相比，商品经济更加老少咸宜，在它柔和诱人的外表下，隐藏着更加强烈也更加高明的控制机制，让我们不知不觉地成为其拥趸。

随着商品经济的发展，百货商场开始成为城市生活的中心，并在 20 世纪 90 年代红极一时。当时经常能在省市电视台上看到郑州亚细亚商场的广告。高频次出现的广告，给人的意识中注入这样的概念：河南省的中心在郑州市，而郑州市的中心则在亚细亚。那些年，到郑州的游客不一定要去什么旅游景点，但一定要去亚细亚购物。在贾樟柯的电影中，百货楼和商业街，也是小城市集中展现都市性的重要场景。多年后我在石家庄看到北国商城，在太原见到解放大楼，感到这些老百货楼散发着类似的气息。

20 世纪 90 年代中期，我爸转业到郑州，我从部队大院的内海，一下子被投入都市的汪洋，这是更加纷杂错乱的世界。我对城市的认知也面临颠覆。在相当长一段时间里，我完全不喜欢也无法接受郑州。对我来说，它意味着都市的冷漠、集体的消解和个人的无所适从。大院文化的浪漫叙事，开始转向商品房小区的市场经济法则。童年生活戛然而止，田园牧歌一去不返。市场和商场成为日常生活和休闲活动的展开空间。

列斐伏尔在《都市革命》中认为，宏观的革命与阶级斗争都转向了都市街头日常生活的革命。毫无疑问，商品是这场革命的核心。商品成为市场经济舞台的主角，而一切经济活动都围绕商品全生命周期而展开。购物承担了人们在日常生活中体验城市的重任，商场也成为都市人心中的圣地。对于孩子来说，各色商品琳琅满目的超级市场是极乐园。我记得直到香港回归前的几年超市还不多见，商场依然以柜台为主。小伙伴们一起玩的时候，有人说1997年香港就要回归了，到时候就去香港逛超级市场，想要什么可以直接从货架上拿。那种对于商品的渴求，用现在的话来说，便是对于美好生活的向往。仅在香港回归两年后，丹尼斯大型超市在郑州开张。我和小伙伴们一起前去，看到两层楼里数百个货架上摆满了琳琅满目的商品，简直惊呆了。在小伙伴们纷纷推着购物车肆意购买零食的时候，我脑海中突然冒出一个想法：如果当年苏联的商场里有这么丰富的商品，那么苏联还会解体吗？

城市在商品消费的道路上一路狂奔。看上去，购物似乎在塑造着城市的一种终极形态。进入21世纪之后，高端商场、大型超市、商业综合体层出不穷。消费主义大行其道，购物成为城市最终的形态和归宿。库哈斯认为，全球化会将各地的城市变为"广普城市"（Generic City），城市的个性与历史均被磨平。在库哈斯对于未来城市的展望中，购物中心成为公共空间的核心，购物将成为公共活动的唯一形式。

前两年我再次造访深圳，当地朋友带我去了欢乐海岸。那是一个像主题公园一样的大型购物中心，或者说是一批购物中心组成的主题公园。漫步其中，擦肩而过的人群平均年龄很可能只有二十五岁。消费成为都市生活最重要甚至是唯一的乐趣，所有人都沉醉其中。库哈斯认为购物是城市未来的终极功能："购物可以证明是现存公共活动的唯一形式。通过一种日益加剧的掠夺的斗争，购物开始殖民甚至是取代都市生活的各个方面。历史性的城市中心、郊区、街道以及当今的火车站、博物馆、医院、学校、互联网越来越由购物场所和机构来控制。教堂是吸引信徒的购物中心。飞机场正广泛地从将旅客转化为顾客中获利。博物馆正在努力向购物转化以便获得生存。"在我看来，欢乐海岸是库哈斯的论断的一个绝佳案例。在这里，一切体验皆可消费，一切消费皆可体验，购物即游园。我们所有的都市活动都被异化为消费的过程。

如果说库哈斯的展望在当时显得有些激进，那么随之而来的网络时代，则将这场消费盛宴推上高潮。2017 年 11 月 11 日，我到杭州开会研讨列斐伏尔的空间生产。而此时，那个西子湖畔的山水城市，正在成为全国乃至全球在网络世界中的消费中心。"双十一"那天，我和各国教授一起到西湖泛舟。有人在议论"双十一"的销售额又创新高，相当于一个小国的 GDP。那天下着小雨，西湖烟雨蒙蒙，颇有山水画的意境。后来雨水渐渐变大，天空乌云密布。远处的山与水模糊一片，好似科幻影视《黑镜》中的未来场景，一切皆为黑白色，物体的细节被虚化，实体只显示出轮廓。在消费和被消费的场景中，未来山雨欲来。

数字化驱动商业渗透到日常生活所有的空隙之中。在平日里的城市街头，随处可见各大电商创造的各个购物节的广告。618、双十一、黑五、双十二……一个个新兴的节日虽然非法定，但对于网民们来说却至关重要。我总以为狂欢节（Carnival）是拉美人的专属——他们外向、热情、惯于表达激烈的情绪。通过诸多网购狂欢节，能够看出商品对于网民们人格的塑造：哪怕平日里少言寡语的人，也能在互联网的世界里，进行着拜物教徒般的狂欢。资本能够创造节日，或许将来还能创造文化。购物成为节庆，不仅仅是一种生活方式的流行，更成为一种宗教信仰。对于都市白领们来说，网购和取快递成为他们面对"996"时唯一的精神寄托和生存动力。

深圳

在 20 世纪 90 年代市场经济的大潮中，下海成为风潮，每个人都跃跃欲试。红极一时的情景喜剧《我爱我家》虽然描绘的主要是体制内家庭的日常生活，但也有不少剧情展示了市场经济浪潮激发的文化碰撞。待业青年贾志新，早早就下海经商，甚至跑到了最大的经济特区海南岛。一直在国家机关的贾志国，后来也弃政从商。而干了一辈子革命的老傅，也偶尔"发挥余热"，与志国、和平一起参股燕红的生意，并且表示："这股份制就是好……还能在商品大潮中学游泳……"在曾经的军队经商的时代背景下，我爸随部队一起南下深圳搞工程建设。小学三年级暑假，我和我妈一起去深圳看他。那个夏天我充分感受到了商品经济对世界观的冲击。

在很长一段时期内，深圳是我们能到达的都市性的最前沿，因为它最接近我们对于都市性的终极野望之地——香港。回归之前，香港一直是一个异托邦，存在于我们的想象之中。来自沈阳的歌手艾敬在《我的1997》中这样歌唱着自己对于香港男友的单向遥望："他可以来沈阳，我不能去香港。"同样是来自大院的我，尽管年幼，但能感受到远方都市性的呼唤。当时的深圳好似一个热火朝天的大工地。除了最繁华的市中心的一小片，大部分地区尚未展现出城市的形态，各种楼宇、道路、桥梁都在建设之中，大卡车和烟尘弥漫的工地随处可见。对于我们内地大院的孩子来说，那里的物价极高，不少日用品价格是内地的十倍，让人瞠目结舌。但是据说那里人的工资收入，同样是我们那边的十倍以上。各种物质的繁荣，从琳琅满目的小商品市场，到灯红酒绿的饭店酒楼，都让这里弥漫着一股野蛮生长的都市性。

这真是一个魔幻的城市。房地产、股份制等内地还颇感陌生的名词，在这里随时冲击着我们的耳膜。我们住在三九大酒店，每天下楼都能看到酒店停满了各种各样的豪车。这令只在大院见过北京吉普的我大开眼界。酒店距离罗湖桥不远，站在高层的房间里，能远眺到香港。郁郁葱葱的山丘的那边，一些高层建筑星星点点地冒出来，那是新界北部的居民区。有时候我会站在窗前喝一瓶可口可乐，那味道对于只喝过健力宝的我来说，既奇怪，又新鲜，还带着一点儿小刺激。远处的香港像是一种终极的幻想，可望而不可即。而身边的深圳则像可乐，你能握住它，但它却给你带来一种难以言说的味道。我很难说这里是好还是坏，唯一能肯定的是这是个和我以往认知里的世界完全不同的地方。在这里我见到了许多没有见过的事物。宾馆里的电视能收看几十甚至上百个台的节目。香港地区和国外的电视台二十四小时展示着光怪陆离的资本主义世界。娱乐节目充斥着商业化的聒噪，嘉宾们穿着闪亮的衣服，看上去是那么不真实。一同去深圳的几个阿姨跑到口岸附近的市场去买据说是以洋垃圾形式进口来的旧衣服。和我们一起去深圳的一个姐姐，第一次听郭富城的演唱会，激动得满场蹦跳直到崴到脚。马路上的豪车队伍中，公路赛车与越野摩托飞驰而过，飞男飞女们借助两轮工具在各大迪厅之间穿梭。

后来在中学的政治课上，我们学到了商品拜物教的概念以及资本对于人与人关系的异化。那时候我虽不了解这些理论，但也隐约体会到这里和内地的不同。有时候在街上向人问路，就被索要带路费。而在大酒楼吃饭时，看到我感冒不适，大堂经理干练地脱下自己的西装披在我身上，告诉我顾客就是上帝——哪怕他只是个孩子。你能感受到这样一个日新月异的城市，对一个从小在部队大院中长大的少年的冲击。这或许是我人生中第一次体会到异域的孤独和迷惑。

在一个台风来临的下午，我来到楼下，感受着狂风暴雨。对我来说，台风和暴风雨也是新鲜的事物。我站在单元门口，幻想自己是伫立在风暴中心的英雄，或许就是当年霓虹灯下的哨兵。然而幻想始终不得要领，直至全身淋湿我也不知道自己在想什么。雨水打在地上，热带气旋带来了南中国海的水汽，狂暴地洒播在这个燥热城市的每个角落。城市像一块烧红的铁板，水汽蒸腾，而自身依旧无法冷却。暴雨非但没能洗去世间的喧嚣，反而成为喧嚣的一部分。密集的雨水奋力洗刷着这座资本雕琢的城市的每一个毛孔。水滴与墙上的马赛克、玻璃窗激烈地碰撞，试图与之融为一体，却终究徒劳。天空偶尔有闪电划过，街上的行人匆匆，不为所动。豆大的雨点破碎在地面之上，变成烟雾升起，像是南国的瘴气。花园中的芭蕉被雨水打得七零八落，草坪上积水漫出流到路上，继而淌入并填满城市的每一条河流。幽蓝色的天空被大楼的玻璃幕墙复制、衍射、放大，天与地上下皆墨。全城一片昏暗，白昼如同黑夜。

那是1993年的夏天，是我与深圳的第一次接触。几个月后，顾城在南太平洋的小岛上举起斧头，将自己与诗歌一同葬送。一年之后，魔岩三杰在深圳河对岸的红磡体育场掀起摇滚高潮，余音绕梁之后再无摇滚。又过一年，王家卫的《堕落天使》上映。金城武在影片中喃喃自语："1995 年 8 月 29 日，我遇见了我的初恋情人。可是她已经把我忘记。可能是我变得太英俊了吧。"

新世界

伴随着城市的快速崛起和城乡关系的剧变，20 世纪 90 年代的都市性都充满喧嚣。到了世纪末，它突然变得陌生起来，这个阶段的都市性好似世纪之交兴起的电子乐，在电脑与合成器的作用下，以阵阵节拍带给都市人紧张与兴奋。1997 年香港回归，是我们拥抱都市性的重要一刻。刚来郑州不久的我，发现都市性的扩展正在加速。我们曾经以为，香港是我们遥望的终点，但它其实只是全球化背景下都市性传播的一个驿站。香港、台北、东京……越来越多亚洲的繁华都市，在我们的视野中从远景变为近景。它们长期以来是我们步入都市时代的导师，但我们最终发现，它们很多时候扮演的是二传手的角色。所有人都在模仿，然后进行亚洲式的消化和再输出。

从更大的时间跨度来看，韩国的流行文化似乎更加卓尔不群。1997 年亚洲金融危机之后，文化产业被举国扶持的政策托起。愈发成熟的商业运作，动力十足的产品线，为整个亚洲带来了源源不断的都市性生产。在世纪之交，第一代韩流开始在青少年中流行开来。其中，偶像组合 H.O.T 毫无疑问是领军人物。这些留着夸张金发的少年，穿着宽大的嘻哈服装，用节奏强烈的唱跳韵律征服了全亚洲的年轻人。千禧年这个团体第一次来中国开演唱会，队长文熙俊曾经以为这里人们的衣着打扮落伍，结果在演唱会现场却惊讶地发现，台下竟然有中国歌迷拥有和自己一样的前卫造型。

都市性的潮流，如同新兴互联网上肆虐的"千年虫"一样，在世纪之交的世界快速传导、复制和无限蔓延。21 世纪伊始，全球都在展望着新千年。千禧年是一个人造但巧妙的时间节点，好像跨越那一刻，人类就步入美丽新世界，烦恼不再，你我都变得不同。没有人能够预言未来将发生什么，但可以肯定的是，这个世纪一定是都市的世纪。在世纪末的狂欢之中，很多歌手都推出了以千禧年为背景的作品。MV（音乐短片）里展现的尽是未来感十足的都市：快速飞驰的地铁、高耸入云的楼宇、玻璃幕墙、充斥着科技感的电子设备，以及 CG[1] 制作的科幻场景。涩谷和秋叶原成为世界的剧场，GANGURO GAL[2] 的视觉冲击压倒了 NEW VINTAGE[3] 的潮

---

[1] 电脑动画。

[2] 日本潮流界夸张的金发黑肤、白色妆容的时尚风格，在世纪之交红极一时。

[3] 新复古主义，日本潮流界 20 世纪 90 年代流行的风潮。

流。安室奈美惠与滨崎步在未来感十足的 MV 中和我们擦肩而过。Techno[1] 旋律充斥着世纪末的希望、焦虑与疏离，各地的人们都沉迷在 Cyber[2] 质感的都市之中。

在这种潮流中，韩国的李贞贤或许是一个更值得铭记的符号。只见她轻摇蕴藏着通灵术的小拇指，像萨满一样发出呢喃的声响，挥动的纸扇让整个亚洲像着了魔一样迸发出都市性高潮。李贞贤最有代表性的歌曲《哇》的 MV 造型异常前卫，即便在今天看来，也依然游走在潮流前端。魔幻与科幻风格的场景相互交织，炫目、华丽的未来感和神秘感巧妙地融合在一起，形成超越时代的风格。世纪末的新新人类们，从这里能看到难以置信的情景，仿佛猎户星座的太空船在幽暗的太空深处熊熊燃烧。李贞贤的若干首热门歌曲，借助香港歌手郑秀文的翻唱席卷中华大地。甚至在县城和乡镇的集市上，你都能听到国语版的《眉飞色舞》和《独一无二》。音量开到最大的音箱，将集市变成了一个大型狂欢现场。小镇青年们潜意识中随着强烈节拍跳舞的冲动，幻化为对于来自东莞的二十元一条的牛仔裤的购买欲望。

朴树则是内地畅想新千年的代言人。他用《我去 2000 年》来回应这个时代。其中的曲子 New Boy 唱响了明亮的未来："轻松

[1] 被称为科技舞曲的电子音乐。

[2] 赛博朋克（cyber punk）的视觉美学风格。

一下 Windows98……18 岁是天堂，我们的生活甜得像糖。"一切都是那么明亮。这首歌的制作人是张亚东。多年后在电视节目里他再次被这首歌感动得落泪："大家对那个 2000 年充满了期待，觉得一切都会变很好，结果好吧，就是我们老了。……我看到盘尼西林，我觉得好吧，时光好像从来没有改变一样，永远有人是年轻的，永远都有人是 New Boy。"

在世纪之交，我和同学们算是标准的 New Boy。我们总是为 2000 年还是 2001 年才是 21 世纪第一年而争论不休，但没人不觉得这个世界是属于我们的。十几岁的我看着电视上各种庆祝千禧年的节目，心里激动地憧憬着未来。在北京街头，女孩们穿露脐装和松糕鞋，开始把头发染成五颜六色。男孩们穿着肥大的裤子，投入了滑板和街头篮球的运动。就连摇滚乐也出现了花儿乐队那样的风格。他们的专辑名称《草莓声明》就像那时青少年们的都市宣言，那是粉红的、虚幻的、甜腻腻的，好像是风中的泡泡，晶莹透亮，一戳就破。

世纪之交的那些年充满了喧嚣，互联网泡沫破灭，纳斯达克崩盘，但技术和资本随后挟全球化之势更加汹涌地到来。中国加入 WTO，正式成为全球的工厂。GDP 常年保持两位数的增长率，城镇化全面铺开，钢筋、水泥、建材的海量消耗为全球资本提供了生产空间的支撑。我们的城市不断深入全球网络体系，外企、白领、写字楼开始成为都市意象。

在被珠三角的光芒掩盖一段时间之后，长三角逐步重拾往日荣耀。浦东开发，陆家嘴的天际线开始崛起，世界 500 强开始从南中国北迁沪上。一些港台歌手的 MV 拍摄地开始从香港中环移步到上海外滩。借助世纪初的 APEC 峰会，这座曾经的远东第一都会重新走到舞台中央。长期以来，以北京为中心、以普通话为语言媒介的影视作品定义了我们这一代人对于大都市的印象。2003 年我第一次去上海时，在城市繁华的街头，此起彼伏的上海话令我无所适从，感受到对于都市性的一种迷茫。我家一个做金融的亲戚带我去当时的第一高楼金茂大厦参观。站在几百米的高处，透过玻璃窗看到对面的平行空间依然是楼宇，建筑立面的反光玻璃让人眩晕，似乎映射出我与城市的冲突。而摩天大楼像是行走在丛林中的巨兽，它们横行在城市之中，如哥斯拉般吞噬一切。它们用庞大的身躯告诉我们，眼前的世界，或许并非我们自我的所在。

莱维顿

曾经在各地轰轰烈烈开展的造城运动，从广义上讲也是全球都市化的一部分。纽约郊区的莱维顿（Levittown）则是这个无比宏大故事的一个开端。和 Tang 果珍一样，莱维顿同样诞生于婴儿潮时期，同样是人造物。可以说莱维顿甚至影响了当今整个世界的城市格局。二战后，上千万美国士兵回国，加上婴儿潮，城市居民对于住房的需求高涨。莱维特父子在纽约郊区的 4000 英亩土地上，首次采用了大规模的工业化地产开发模式，快速建造了 2000 套标准化、廉价实用的商品住宅。莱维顿的建设，象征着城市生产步入了工业化阶段，随着标准化的设计以及房屋配件和半成品出现，住房就像在流水线上被组装出来。

住房与城市开始变得和其他商品无异，可贸易，可复制，可批量生产。当大量标准化住房出现后，社区中心和购物中心也随之而来，同质化的房屋组成了同质化的社区。在商业精神和市场意识的作用下，商品房社区成为这个时代的都市范本，它们随着资本向全球流动，导致各地城市景观日益趋同。这种巨型的人工合成制品象征着城市生成的方式，也是都市性的代表。独栋别墅、大排量汽车、郊区生活，不仅成为美国中产阶级的符号，也借助好莱坞的宣传逐渐成为全球中产阶级的梦想。

我曾在北美的一个郊区社区中度过一个秋天。下午三四点钟，我穿过一条条弯曲的小径，经过一栋栋几乎完全一样的别墅去往住处。一路上，除了几个家庭主妇推着婴儿车出现，整个街区寂静无声。枫树和槭树的落叶铺满地面，整个世界一片金黄，让人联想到电影《美国丽人》中典型的中产家庭生活：表面看上去无限完美，但在看不见的地方，乏味与绝望的暗流涌动。这是历史的终结吗？

20世纪80年代之后，随着新自由主义兴起和美式流行文化风靡全球，源自美国的城市建设模式也在各国大行其道。高速公路、封闭社区、大型购物中心、CBD、综合体，来自北美大陆的都市文明，在全球范围内得以迅速推广。现代主义的新城注定是千城一面。21世纪的第一个十年里，全世界目睹了神州大地上最大规模、最迅疾的城镇化。无数大盘在我们的城市郊外如雨后春笋般拔地而起，像是加强版、高密度的莱维顿社区。在地产资本驱动的城镇化进程中，开发商在各地简单粗暴地进行着都市的再生产。他们将容积率和高度设计到最高，甚至直接复制图纸，"Ctrl+C""Ctrl+V"般打造着雷同的社区。商品房像细胞一样不断复制，地产操盘机构仿佛在进行着一场模拟城市游戏，在城市群落中按照丛林法则，为资本的增殖寻找策略。打着普罗旺斯、托斯卡纳名号的别墅区在不同的城市纷纷涌现。规划设计的效果图高耸在高速公路的出入口。地产广告里奢华的生活方式、华丽的家居和必不可少的白人面孔，与现实世界互为镜像。

莱维顿的故事，在这片土地上有了升级后的版本。从小区到新区，再到一座城市，地产巨头们将造城运动的空间尺度不断扩大。一整个城市都可以成为可复制可贸易的商品。像贵阳花果园那样，一个楼盘便是一个城市规模的超级大盘屡见不鲜。由大盘组成的新城新区，则经历了从被诟病为"鬼城"到受到追捧的过程。在郑州，早些年我和很多学车的人一样，都去郑东新区的马路上练习开车。那时候整个街区空无一人，马路杀手们在这里也制造不了任何杀机。但短短几年过去，新区已经成为全市乃至全省的新贵们竞相置业之地。前不久，一个朋友卖掉了老城区六套房子，用全部的资金在新区买了一套黄金地段的大平层。搬到那里后，他能随时透过落地窗看到新区的人工湖"龙湖"。根据他的判断，这个湖和南边的如意湖构成一个如意的形状，蕴含着无限财富的意味。而这个高档小区的车库里充电设施俱全，也为他的特斯拉提供了合适的安身之处。

　　除了居住空间的拓展，郊区商业的发展也与发达国家曾经的故事如出一辙。如今北上广的白领家庭也热衷于开上一两个小时的私家车，来到几十千米外的奥特莱斯采购。这情景与在伦敦远郊区的比斯特购物村别无二致。奥特莱斯仿佛是全球化时代的虫洞，假借商品的流通，人们进入全球任何一个奥莱都能拥有同样的体验。物理空间不再是远隔千里的障碍，资本流动实现了都市性的瞬间位移。

回龙观

　　在北京的五环以北，回龙观是个独特的存在。尽管它也是新城，但是和其他新世纪建造的更新的新城相比，它已然具有一定的历史感。无数的年轻人，从全国各地来到北京，聚居在这里。许多小镇青年发现，他们是从一个县城来到了另一个县城。地铁站的出口，众多黑车轮番拉客。路边小吃，尽是沙县小吃、兰州拉面，人行道上许多大排档烟火缭绕。有时候甚至能看到有人赶着马车在贩卖水果。而一到晚上九点钟以后，大马路上就空无一人。有时候夜里我会在回龙观大街附近跑步，道路两侧停满了私家车，但路上却寂静一片。昏黄的路灯将行道树的叶子渲染出迷人的金色，让我恍若回到了部队大院，似乎进入了时空循环。

我曾经在回龙观居住过一年，这里的人间烟火让我真正体会到都市性与多样性。回龙观真正的中心，不在行政中心、商业中心，也不在众多名字里带有"龙"字的超级大盘里，而是在霍营地铁站。两条带着大量通勤人口的地铁线路于此交会，让这里成为重要的交通枢纽。每天早上的地铁列车，就像一个个巨大的蠕虫，把一批批的年轻人吞到肚子里，再把他们不断吐出到制造城市的机器中。在这个吞吐过程中，都市的蠕虫吸取了他们青春的精华，城市则得以不断地生长扩大。

这里的通勤人群中，有相当多数是计算机行业从业者。他们被称为"码农"，这个名称颇有农业社会的意味。他们就像农民一样辛苦地劳作，只是他们的土地存在于虚拟世界。码农们云集于此，让人联想到赛博朋克对于未来城市意象的表达："高技术，低生活。"这些高素质人才每天负责着全球最前沿的科技研发工作。据说他们工作的地方后厂村路一旦被淹没，全国的互联网都要瘫痪。但他们中的不少人却居住在品质较低的环境中。有码农说，不管周遭的环境如何，家里有根网线就够了。资本向虚拟都市扩张，但现实与虚拟世界的交互则呈现出更加复杂的一面。

互联网技术的进步，让生活从线下转移到线上。伴随着网购狂潮的，是实体商业空间的衰落。站在狂飙突进的科技狂潮前端展望未来，或许以更长远的尺度看，都市也只是人类与周遭环境纠葛的一个历史阶段。与沉重的肉身相比，服务器和存储介质更能为人的意识提供长期的安身立命的场所。当我们把情感上传到虚拟世界后，服务器或许就是天堂。

口红

作为网络时代的原住民，Z 世代 [1] 是具有完全的都市性的一代，他们身上几乎不存在任何乡村以及计划经济时期城市的印记。与之相比，我们八〇后这一代人或许是过渡的一代，尚保留着走出传统

---

[1] 指 1995 年后出生的新时代人群，他们的成长全程伴随着网络。

城乡关系、拥抱现代都市性的历史经验。

前些年的某个夏天，在每天上班经过的地铁站，我看到一个巨大的男士口红广告出现在大屏上，据说这是国内首个男士口红广告。在地铁上，我在手机上看到各大论坛对于这则广告的热议，"小鲜肉"和"娘炮"等字眼不断出现，但也有相当多表示肯定的声音。这不意外，广告背后的商业资本，具有远超我们想象的对于大众文化心理的敏锐触感，抑或是影响力。这支口红和许多商品一样，都是Z世代的棒棒糖。它甜甜的、腻腻的，但是让人怎么也放不下。

"Different countries，the same story"，我脑海中冒出了这句话。这是当年我在葡萄牙旅行时，一位同行的英国大叔说的。他说，当年日本是美国最大的债权国，后来中国取而代之。当年日本各种商品畅销欧美，如今各种中国企业的广告在欧美各地随处可见。这则口红广告，让我想起二十年前木村拓哉在日本拍的口红广告。据说那支首次出现在大众传媒中的男士口红广告，将东亚正式带入了"花美男"时代。"相同的故事，不同的国家"，从经济发展进程，到社会文化心理，尤其是都市的演进方面，日本都提供了前车之鉴。日本当年的广场协议，对许多人而言是新的谈资。但明天将会怎样？历史虽然不断重演，却无法预测。日新月异、愈发复杂的都市文明，注定不断突破我们固有的想象。

如今的韩国流行音乐团体，也收起了青春的叛逆与愤怒，被资本打磨得愈发圆融和精致。它以润物无声的姿态进入欧美，东风西渐。在 YouTube 的一个视频中，一位美国大学教授以防弹少年团（BTS）为例，讲述文化产业对于国家影响力的作用。他对着一张幻灯片上的偶像们向在座的学生表达他的观点。他坚信这样"化着妆，同时又有八块腹肌"的男性代表着未来的审美趋势："你们的孩子长大后，很可能会为这样的男子而大呼小叫。世界在变，所以你们和我们完全不一样。"世界是平的吗？有人类学家预言，由于全球化的不断深入，以及跨种族婚姻的不断增加，几百年后地球上将不再有白种人、黑种人、黄种人的人种之分。全世界只有一个人种：未来人种。至于未来人种的肤色，大概率可能是古埃及人的巧克力肤色。

曾经有一次，在深夜开往首都机场的出租车上，我望着窗外发呆。夜色迷人，都市未眠。望京的写字楼灯火辉煌，让人想起"东风夜放花千树"，每当一个办公室熄灭灯光，便会有一颗星辰坠落人间。机场高速上飞驰而过的汽车，用车灯画出一条条流光溢彩的轨迹，像流星般消失在远方。我在车上构思了一个剧本：一个清华大学建筑工地的农民工，结识了一个女留学生。他用真诚赢取了她的心。他努力学习英语，热爱艾米莉·狄金森的爱情诗，但内心深处回响的依然是"春风十里扬州路"的诗句。他们两人周游世界，最后在中国东北的一个边境小城安度平凡、平淡又温馨的余生。故事里还有一个小心谨慎的黑人、一个孱弱的白人，以及一个张狂的亚裔。故事的结尾，两位主人公在黑灯舞厅里随着20世纪80年代的迪斯科节奏，逐渐相拥。舞厅里的音乐，是邓丽君的那首《我只在乎你》的电音版本。节奏劲爆，炙热而浓烈，让人想跟着节奏一直跳下去。

只是，这样的情节注定无人欣赏了。

成都范特西

成都，锦江区，下午四点钟，天气阴。

我坐在一家装修老派的宾馆里，透过落地窗可以俯瞰南河。听前台的服务员说，这座宾馆曾经接待过法国前总统希拉克。据说希拉克感到为他提供的总统套房过于奢华，婉拒后挑选了一套普通客房。"可能就是你住的那间。"服务员用川味普通话跟我开玩笑。窗外的河水安宁如镜。河畔的树上站着一群白鹭，它们动作一致地展翅、跳跃，然后贴着河面飞行。平静的水面荡起阵阵微澜。河的那边，城市在眼前全景展开，不同年代的建筑高低错落，好似结构层次丰富的热带雨林。显然，相比本世纪初希拉克的所见，这里经历了翻天覆地的变化。在视野的尽头，乌云轻抚着大地，无数的脚手架插入其间，如同织毛衣一般，将天与地缝合。这种工作一定是遵循着某种隐秘的规则，进行得悄无声息又有条不紊。

我翻开手边的《东京绮梦》。荷兰作家伊恩·布鲁玛在书中记录了自己 20 世纪 60 年代在东京的见闻——正是那个快速生长、欣欣向荣、充满激情的东京，那个在"日本第一"的经济高潮即将来临时，对未来无限憧憬的东京。作者的青年记忆完全融入了对这座城市具体又细致的描绘之中。文字有如节拍强烈的鼓点敲打着读者的心弦。你能从无数个细节中感受到当时城市发展的速度和活力：新潮建筑、前卫艺术、街头文化都如雨后春笋般萌发，城市的每个角落都有着勃勃生机。商业模式的创新，国际资本的注入，国家与民族自我意识的觉醒，使当时东亚唯一的国际化城市中，处处弥漫着登顶前的喧嚣。

这一切要素，无不成为当下成都的一种镜像。

《东京绮梦》的原著名为 *A Tokyo Romance: A Memoir*。译者巧妙地将 romance 意译为绮梦：一场绮丽的梦幻。在充满激情的 20 世纪 60 年代，于浪漫的异域邂逅华丽的都市，再没有比这个词更为妥帖的书名了。而如果要为我眼前这座城市立传，会取什么书名？我联想到 fantasy，以及这个词的音译——范特西。这是周杰伦多年前的一张唱片的名字，弥漫着旺盛又粗糙的少年气，是流行文化和商业流水线打造出的狂想宣言。20 年前那个刚出道的少年，正是凭借这张唱片大红大紫，一飞冲天。

这两年，"新一线"或许是城市竞争大潮中最重要的 IP。伴随着对这个概念的热炒，成都以及杭州声名鹊起，成为一众城市的领军者。每次到这里出差，一路上看到的城市景观，都让我想起近两年去过的伦敦和杭州——整座城市好似尘土飞扬的大工地，目光所至皆为野蛮生长的楼群。几个月前，我在这座城市出席一场城市更新论坛。地产商、投资人从北上广深杭云集于此。那是一场盛大的聚会，更新的业态、更新的场景、更新的理念，让更新的城市呼之欲出。空间成为资本的载体，财富的盛宴就此展开。所有人都以这座城市为例，想象着未来城市发展的范本。

"流量"可以成为"新一线"城市发展的一条叙事主线。人流、物流、资金流，以及最新的"网络流量"，都在向这座城市汇聚。它成为明星城市，吸引了各地人们的目光。当前整体城镇化节奏变慢，许多城市的建设开始减缓、停滞，乃至收缩。这座地处西部腹地的城市，仍然在进行着诺瑟姆曲线拐点到来之前的狂欢。持续的人口流入和急剧的城市扩张，都呈现出似曾相识的快节奏。从边陲跃迁为中心，一个明日的梦幻之城呼之欲出。如今时不时耳闻有朋友离开北京，南下成都。在他们的口中，那里如同 19 世纪的美国西部那样，是淘金者的应许之地。"成都和杭州，已经可以作为一线城市来看待了。"在过去的一年里，我不止一次听到投资人说这样的话。他们让我想起了本世纪初涌入中国淘金的外商——他们整齐划一地持有"21世纪是中国的世纪"的论调。最近一个做自媒体的朋友准备离开北京，他为下一站去成都还是杭州而犹豫不决。成都更为宜人的房价，让他不安的心似乎更趋向那里。

今天，这是一座真正的巨无霸城市。四个一线城市之外，成都在十年间吸引了大量的新增人口。几百万青年从一二三四线城市涌入这里，他们各自怀揣着的梦想，汇聚为五颜六色的梦幻泡泡。城市建成区向四面八方张牙舞爪地扩张，过一阵便会有新的城区出现在人们的视野。从飞机上鸟瞰，这座在平原上铺开的城市，正在摊一个真正的大饼——从中心向外均等地放射，不分东西南北，这个城市显然要比北京更规整。漫步在城市中，能够感受到建筑越往外越高。前些年对高层建筑限制不多，导致大量百米高的楼群在新区拔地而起。它们像是隆起的水泥高原，与川西的雪山遥相呼应。

正如卡斯特尔的理论描述的那样，从现实到虚拟世界，城市都在成为"流的空间"。伴随实体空间增长的，是城市在虚拟空间中成为流量的节点。在"新一线"之后，"网红城市"的概念横空出世。互联网时代的"网红"，似乎成为一切参与竞争的主体的终极形态。这个最早始于论坛KOL的概念，一路从线上杀到线下，衍生出万物。网红主播、网红店、网红景点、网红社区，直到网红城市这个大空间尺度的网红。近几年在一众网红城市之中，成都似乎最为成功地把线上的流量转变为了线下的流量。移动互联网正在重塑城市的发展维度、文化意象，乃至营造模式。2019 年，在"新一线"城市排行榜中，成都首次夺魁，当时引发了不小的轰动和热议。一年之后，在抖音的网红城市研究报告中，成都再次问鼎榜首，这次并未激起过多波澜，成都的榜首位置似乎已经成为公众的共识。在过去的一年里，成都的远洋太古里从一个城市更新的优秀案例，跃升为中国网红世界的中心。各色前卫新潮、穿着奇装异服的网红们，将这里变为短视频的秀场，甚至一度引爆国外社交网络。

这座有着享乐主义传统的城市也在发生着另一种变化。大量的高端商场、购物中心成为城市的焦点。它们的玻璃幕墙闪闪发亮，上面悬挂着巨大的标牌。店面装潢华丽，让人头晕目眩。门口时不时有跑车轰鸣。网红城市的意象，从线上走到线下。与沿海发达地区相比，中西部的城市更像是刚刚步入社会的年轻人，既血气方刚又尚显青涩。他们更加热切地去拥抱全球化的时尚浪潮。这座西部区域中心城市的奢侈品购买力如今仅次于北京上海，奢侈品门店云集。各个高端商业综合体成为城市地标。巨大的奢侈品广告霸占着商业综合体的外立面，宣誓着对公共空间的视觉霸权，也映衬出个人的渺小。此刻，IFS 外墙上的熊猫更像是一种隐喻——对消费主义毫无保留地拥抱。

在消费主义狂欢的背后依然是廉价的潮流复制。新世纪伊始的互联网初代大潮中，IT 精英们自由地表达着对未来无限的憧憬。

然而如今的移动互联网和新媒体，则塑造了这样的"网红脸"：看似无限的可能最终归于有限的选择。互联网化城市的走红意味着重复而非创造，城市体验变为了千篇一律的网红打卡，公共空间成为照片的拍摄场景，消费主义和娱乐产业全方位渗入日常生活。随之而来的是地域感的丧失和文脉的隐匿。网红城市似乎可以看作是互联网经济与城市企业主义的结合体。值得警惕的是，网红代表着一种快消倾向。城市如同商品一般，被生产，被包装，被销售出去。城市空间被贴上"抖音同款"的标签。以效率为导向的工业化，让城市特色不断淡化，而信息革命最终让其堕入虚无。一种暴发户式的审美与中产阶级的幻想结合，在世界工厂的无限产能支持下到处复制，互联网营销也在推波助澜。这场用脚投票的城市化竞赛像是大规模的游戏。城市成为电商平台，其中的商业综合体、写字楼、商品住宅，都成为流量的标的物，随时等待变现。

流行亚文化为城市的崛起提供了一种另类的解读。在近年逐渐走向主流的说唱领域，成都，而不是北京、上海或深圳，成为当仁不让的中心。成都厂牌说唱会馆 CDC，成为比川西雪山还要高的高地。充满活力的方言语汇、富有韵律的腔调，为说唱文化提供了丰厚的语言土壤。近年来涌现出的一众成都歌手，已将"川普"推广为说唱的标准口音。《纽约时报》曾以《脏辫、节奏、旋律，中国拥抱嘻哈音乐》为题，通过讲述成都的地下说唱来向世界展示中国的嘻哈文化。成都的歌手们也开始肩负起文化输出的使命，走向世界。谢帝、王以太等人参加了美国最知名的嘻哈节目 Sway In The Morning。几人用四川话的说唱作品在世界嘻哈高地插上了一面成都的旗帜。

最近在成都召开的一场城市发展会议中，城市的烟火气成为会议研讨的主题，成都自然被当作典型案例。烟火气息、市井生活、休闲之都，一直是这座城市的鲜明标签。相比一些只追求 GDP 增长速度的城市，成都是个生活家，对外一直有着闲云野鹤般的形象。它是人们对于千城一面的生存环境和千篇一律的乏味生活厌倦后，期待投奔的远方。

在"新一线"城市崛起的过程中，经济增长伴随着世俗生活方式的变化。我和一位本地的朋友，在建设路一家小饭馆里，吃着钵钵鸡聊天。马路两侧密布的小吃摊位，和满街的大学生们，好似一幕即时上演的电影。空气中弥漫着红油辣椒的香气，那是一种十足的烟火气，但似乎只属于尚未步入社会的年轻人。朋友说自己在事业单位工作，稳定但收入不高，也面临着事业编小职员的尴尬：别人以为你是公务员，公务员觉得你是老百姓。而她的男友在互联网公司工作，常年挣扎于 996 和 007 之间，钱虽多，但备感压抑。"成都早就不是休闲之都了，现在加班加起来可凶了。"她说。闲散的都市意象早已一去不返。尔后她又讲到成都有着市井气息，但又和上海不一样，具体怎么不一样，难说。后来我们沿着府河一路向南散步。她指着远方一栋高楼，说刚买了那里的房子，还特意买了一个最高层，就为了能够在乏味的生活中透透气。"天气好的时候，早上起来能看到青城山。难得的开阔。"

互联网等高新技术产业的入驻，带来了高产值、高收入，也带来了高强度的工作节奏，同时拉起了周边区域的房价。伴随着城区的扩张，通勤时间与加班时间也显著增长。从杭州到成都，数字经济的繁荣，让休闲之都们逐渐沦陷。如今，物质的丰盈和时间的短缺迫使人们追求即时消费、批量复制、立等可取的休闲产品，正如一条又一条的酒吧街。消费使人从工作中获取片刻抽离，唯有购物才能给予自我存在的意义。个体在消费主义的漩涡中不可自拔，最终收获的是对生活感知的淡漠和想象力的匮乏。

这不是成都一个城市的故事，但这显然是与烟火气相背离的。

与其说烟火气意味着城市的活力与悠闲，毋宁说它是一种贵族式的都市遗产，是一种古典的、优雅的，甚至原始的东方生活范式，可类比于西方文化中充满着活力、创造力、激情的"酒神气质"。它是在一定物质基础上被有闲阶级所引领，并被大众所接纳的文化认同。对于成都这一烟火气的范本，费著在《岁华纪丽谱》里有过生动的描述："成都游赏之盛，甲于西蜀。盖地大物繁，而俗好娱乐……四方奇技，幻怪百变。"这是千百年来形成的城市文化基因、生活智趣。杂沓骑从、鲜车华服、雕栏玉砌、鸳鸯蝴蝶，这种文化基因通过人居环境和生活场景呈现，承载着物质和精神的双重寄托。小津安二郎认为人生和电影一样，"以余味定输赢"，城市生活的高下之分依然靠的是"余味"，这是对生活虔诚的信仰，是陆机所言的"心玩居常之安"。

而我们正在目睹烟火气的消亡。旧的世界已经瓦解，新的秩序尚未建立。城市在经济上获得成功，同时也面临着文化上重构的挑战。漫步在逐渐消失的老城区之中，能感受到传统生活的日渐稀薄。茶馆少了，夜店多了。路边掏耳朵的和搓麻将的人消失不见。精致的市井百态和生活审美，需要时间的传承和积淀。但在一次又一次的西风东渐中，在机械化造城运动中，在被资本裹挟的比特流冲击中，发生了传统的断裂，城市烟火气逐渐被一种混杂的、嫁接的、速成又速朽的文化所取代。

在近代打开国门后，成都的繁华和烟火气息曾令前来的西方旅行者、传教士们惊叹。他们关于中国的记录中不乏对这座城市赞叹的文字。英国旅行家伊莎贝拉·伯德、美国哈佛大学教授威尔逊等人都为成都华丽的古典风格所倾倒。在1898年的《渝报》上，《马尼爱游成都记》记录了一位法国人的成都观察："（街道）甚为宽阔，夹衢另筑两途，以便行人，如沪上之大马路然。各铺装饰华丽，有绸缎店、首饰铺、汇兑庄、瓷器及古董等铺，此真意外之大观。……

广东、汉口、重庆、北京皆不能与之比较，数月以来，觉目中所见，不似一丛乱草，尚有成都规模者，此为第一。"这些西方人士一方面是历史的记录者，另一方面也是初代西风东渐的亲历者。在并不对等的东西方交流背景下，如何在现代化浪潮中避免与传统割裂，是东方城市面临的看上去无法解决的难题。如今的东方城市，正在主动拥抱新自由主义驱动下的全球化浪潮，继而展开柯布西耶式的光辉城市建设模式。不知道那些近代旅行家再来到这里，看到屡屡出现在时尚杂志封面上的太古里会有何感想。被称为"西蜀禅源"的大慈寺湮没在网红达人遍布的商业街区之中，所谓的"潮空间"与上海、东京、纽约的竞品并无二致。

社会学家古德纳曾提出日常生活的对抗意义：通过对"那些英雄式的、雄心勃勃的、以表演为中心的存在方式"的对抗，"日常生活建构了它自己的真实"。而如今，财富精英与流量明星是这个时代的英雄，城市公共场景成为一场真人秀表演。城市失去了日常生活之都市主义对于工具理性的抵抗、对于同质化流行文化的抵御、对于城市社会性的培育、对于"千城一面"的消解，城市像个少年一般，在时代的洪流面前不知所措。库哈斯的"广谱城市"（Generic City）模式得以大行其道，拉斯维加斯似乎成为所有平原城市的终极景象。

成都从来不是一座恋旧，或者说守旧的城市，这或许是老城区、老房子逐渐消失的原因。但它也有着自己的坚持，譬如尽管面临着外来人口的稀释，但成都方言在生活中依然坚挺。尽管没有城墙，但古城的格局依稀可见。空间记忆和一些潜移默化的要素，在用另一种形式抵御着各种文化的入侵。试图去探寻一些不一样的东西或许并非徒劳。譬如出现在酒吧街的中老年人，河边的本地风格的小酒馆，姑娘腿上三星堆图案的文身，以及宽松的氛围，或多或少，在别的城市并不多见。在后现代性不断发育和壮大的同时，城市依然存在着骨子里的宽容，以及固执。

作为一个在城市更新领域走在前列的城市，伴随着烟火气的淡化，老城区的建筑、街道、景观的整洁程度确实明显领先于大多数内陆省会城市。大量 20 世纪八九十年代的老旧小区发生了显眼的变化，得以步入这个城市更新的时代。街角公园等公共空间的建设不乏匠心，在新潮文创、商业场景、宜居品质和城市文脉等多元要素之间，小心翼翼地维持着平衡。你能在城市的角落和细节里，感受到城市心态的急切，同时也隐约感到一些和我们曾经的认知相契合的东西。城市基因的密码依然有待破解，短短几天的观察，依然是外地游客视角的浮光掠影。但我相信，怀揣真诚的情感一定能够与这片土地的观念共振，从城市丰厚的记忆中寻觅、发掘出更鲜活、更丰富的遗产。

在一个下着毛毛雨的晚上，城市变得湿漉漉的。阴郁又难以言明的氛围，正如同这个城市的气质。地面的积水里，倒映着闪烁的霓虹灯，五光十色，光怪陆离。在便利店门口的一把雨伞下，两只手缓缓地牵在了一起。雨水在伞的边缘汇聚又滑落，滴滴答答地敲打地面，在积水中激荡出幻彩的波纹，有那么一丝赛博朋克的魅惑。我没有机会去见识那个20世纪60年代的东京，却有幸驻足在另一个平行时空之中。雨夜中城市的各种色彩和光线不断流动，变幻，融为一场春梦。

城市意象和想象，一直是超乎实体环境的存在。而互联网加剧了城市意象从现实抽离的进程，并且技术进步愈发简化了这一过程。标签意味着效率，也意味着浅薄。媒体生产出针对城市的多重意象，层层叠加，最终使其外在形象超过了内在的本质。但如何界定和评价城市本身？或许，那些城市的标签，并不是真实存在的，只是臆想之中的创造，并通过大众传播途径推波助澜进行加工。人们已经失去对城市的触觉和味觉，手机屏幕、数字大屏、摄像头、传感器成为人与城市交互的界面，城市开始与数字孪生。流媒体激荡出数字化的认知和不安的幻想。虚拟世界和现实世界正在相互交织，前者俨然在关系中占据更加主动的地位。所谓的"元宇宙"正在徐徐展开。而我则像是《楚门的世界》中的主角那样，开始怀疑周遭的城市是否真实存在。

南京爱

一

高二第二学期快结束时，我们的语文课进入了戏曲学习单元。人教版课本中有一篇课文《哀江南》是来自传奇剧本《桃花扇》结尾《余韵》中的一套北曲。这段戏曲描绘了南明灭亡后南京城的景象，通篇尽是对家国兴亡的凄凉之叹："俺曾见金陵玉殿莺啼晓，秦淮水榭花开早……眼看他起朱楼，眼看他宴宾客，眼看他楼塌了。"这些文字生成的意象，直接解开了我内心深处的密码，直抵敏感的神经末梢。高尔基在给契诃夫的信中写道："（我的心）被您的戏揉皱了。"这篇文章给我的就是这种感觉。当时我正好处于一段人生低谷期，年少初识愁滋味。读到这段曲子，被感动得稀里哗啦的，几乎有些哽咽了。这篇文章我至今能全篇熟练背诵。到了高三的时候，同学们都向往北京上海、清华北大，我却因为这篇《哀江南》，一直在憧憬南京和南大。想去那里，把文章里提到的地方全都走一遍。尽管后来没能如愿，但也一直难以忘怀这段戏曲，以及那多愁善感的青春时节。

北岛曾经写过："人年轻时候读什么书，往往没道理，余生却被其左右。读《人，岁月，生活》的遍数多了，以致我竟对一个从未到过的城市产生了某种奇异的乡愁。"在背诵《哀江南》时，青春的情愫和南京的沧桑纠缠在一起，缭绕在心头挥之不去。我对从没去过的那座城产生了莫名的乡愁。后来想想，自打有记忆起，我便是个怀旧的人，因此对古都有着别样的向往。而南京凭借伤古怀今的情绪，与我产生了精神上的隔空共鸣，成为我内心深藏的一个故乡。

高考后，我阴差阳错地和南京大学失之交臂。尽管我去了世俗意义上更好的一所学校，但还是备感失落。就像是被迫和一个倾国倾城的美女结婚，但自己的心头好却是邻家女孩。当别人在喜宴上祝贺你的时候，你也不敢说出真话，否则一定被笑话凡尔赛。那种感觉痛苦极了，因为无法被理解。当时我还专门给南大的蒋树声校长写了封信，想转学到那里。那时候没有电脑，我一口气写满十几页信纸。现在想来，信里大部分内容是用华丽辞藻堆砌的失落、痛苦，以及溢出纸面的矫情和自我感动。我把自己对于南京的想象和认知一股脑地倾诉出来。我记得结尾还引用了刘禹锡的"山围故国周遭在，潮打空城寂寞回"。希望最终化为虚妄，这封信自然是没有回音，估计被学校办事人员直接扔到垃圾桶里了。工作后我认识了一些南大毕业的同事，我给他们说了自己给校长写信的故事。他们说："你说当时的蒋校长啊，我们毕业证都是他颁发的。他可平易近人了，每天都骑着自行车来上班呢。"

　　没去成南京和南大，是我人生很大的遗憾。想来自己这般浮躁的人，与这座厚重又纯粹的城市有缘无分，也许是上天注定。在上海读书时，常上网泡在西祠胡同，来寄托自己求而不得的情感。曾在那个论坛上看到一篇鄙夷上海赞美南京的网文，里面甚至说连苏果超市售货员的那种温柔在上海都无从寻觅。现在看来文章的确过于矫情，非要"捧一踩一"。但这么多年来，对别的城市的好，可以说是喜欢、欣赏。但说到爱，还真的只能对南京说出口。

　　到了三十岁的人生当口，各方面都陷入困顿，还做了次手术。术后找了个周末，我一个人跑到了南京，晚上从秦淮河一路走到新街口，最后晃进了南京大学鼓楼校区。这是多么适合抒情和恋爱的城市和校园啊。坐在操场旁的阶梯上，看着电影《致青春》拍摄地的场景，多少有些释怀。心想：如果当时去了南京上大学，我会怎么样？看着月色下的男男女女，仿佛经历了一个世纪般漫长的时光。

二

大学时看冯唐的小说，卷首引用了朱元璋在南京莫愁湖畔题写的楹联："世事如棋，一着争来千古业；柔情似水，几时流尽六朝春。"感觉那本通俗小说的品格一下子就升华了。后来去南京，我专门去了莫愁湖畔的胜棋楼，瞻仰这副对子。城市竞争如棋局，有的城市专注于竞争与博弈，追求鲜花与掌声。历史铭刻着你死我活、成王败寇的故事，书里写满了"城头变幻大王旗"。但总有城市置身事外，承担着与输赢无关的那份似水柔情，守护着功利主义之外的情感与理想。

南京显然是后一种城市。尽管它在历史上总是失败者，却是一座最能体现悲剧之美的城市。别的城市把扬名立万奉为圭臬，南京则习惯了政治上的失意，并衍生出绵延不绝的哀愁。如果把历史的轴线拉得更长，你会发现痛苦和失落在更久远的时空中发散出别样的力量，城市因此绽放出一种悲剧美——和孔尚任的《桃花扇》一样。《桃花扇》一剧，不止于风月传奇，而是"借离合之情，写兴亡之感"。这部剧突破了中国古典戏剧中世俗意义上"大团圆"式结尾的窠臼，展现了理想主义与悲剧的美。时间最终告诉读者，悲剧永远比喜剧更加深刻，更深入人心。南京，这个并不被吴语区认为属于江南的城市，或者说是文化地理上处于江南边缘的城市，于我心中，承载了大半个江南的哀愁。

全城像是露天历史博物馆的城市，欧洲有罗马，中国则有南京。相比于罗马的雄伟，南京有着东方式的细腻。城市是展厅，不仅展示文物遗迹，也展出历史烟云。朝代兴亡、宾客聚散、儿女情长，都藏匿于都市的角落里，让参观者将千年兴衰看饱。在我们感知城市的媒介中，文字尤其具有穿越空间和时间的力量。英国作家杰夫·戴尔说："游记和地理上的远近无关，在地铁上读到关于伦敦的书，你也被运到了其他地方。"写出"山围故国周遭在，潮打空城寂寞回""旧时王谢堂前燕，飞入寻常百姓家"的刘禹锡，甚至从没有去过南京。想象和距离产生美。文人骚客用笔墨传导着昔日风流。正因如此，在今日南京的街头巷尾，你依然能看到吴宫花草晋代衣冠。正如尤迪特·沙朗斯基在《逝物录》的序中所言："只要有记忆，在和不在的差别或许就不那么重要。"风云聚散，时空变幻。在这座失落的城市里，文字的城市最终打败石头的城市。文字承载的记忆，跨越了战火和废墟，推动城市的意象持续升华，绵延千年。

漫步在南京城，仿佛一场无休止的梦游。从东吴建都时的石头城，到南朝遗址，到明代的城墙和宫殿，到清代的金陵制造局，再到民国时遗落下的城市肌理。在各个角落，都能找到不同时期的历史片段。这座城市可以说是柯林·罗提出的拼贴城市（Collage City）的一个范本。不同时期的建筑景观、城市布局，如复合的图层般叠合，给人极为丰富的、蒙太奇般的空间体验。如柯林·罗所言："社会的人可以用他的记忆、建筑、文字等等回到过去。"在南京的街头，你随时可以用任意的形式，进行一场穿越之旅。

"国家不幸诗家幸"，城市的衰落催生出一曲曲慷慨悲歌。关于南京的文学作品太多，一不留神就让人落入字里行间的悲欢离合。因此，你会发现有两个南京。现实中的城市和文字中的城市，两个城市相互纠缠，不分彼此，形成互文。历史总在人猝不及防时轰然倒塌，然后以另一种形式再现。想象和现实可以孪生，人们也得以在现实和梦境中随意穿梭。今日的人可以回到过去，与往昔的人互相倾诉，就像电影《午夜巴黎》中展现的那样。伟大城市的追寻者，可以在幻想中进入那个城市的黄金时代。

这座城市在巨大的哀伤背后，保有无尽的留白。消失的事物被文字塑造的记忆留存后愈发展现出魅力，更加令人着迷和向往。联想还是臆想并不重要，或者从某种意义上说并无区别。它们让人对城市的感知不再像梦一样漂浮，而能沉淀出心理上的厚重。像是《英国病人》中描述的那样："走进故事里……沉浸在别人的生活中……身体充满各种句子，各种时刻，仿佛从睡梦中醒来，心里因为一些记不起来的梦而沉甸甸的。"在这一刻，我相信我对于南京的阅读，对这里的想象，甚至中学时对这座城市的憧憬，都已经在参与着这座城市的演变。从这个角度讲，记忆与砖瓦并无区别，都在对城市进行着持续的建构。

三

南京是个柔和的城市。每次到南京，能闻到空气中鸭子的味道，更在内心深处感受到妥帖的温柔。细腻的生活气息，消解了无情的宿命，城市也得以哀而不伤。这种温柔和城市的文艺气质息息相关。历史上文人雅士的风流、帝王将相的豪气，飞入寻常百姓家后，经过时光的酝酿，调和出清丽雅致的审美灵魂。这座城市如今是民谣重镇。五台山先锋书店，早已成为全国文艺青年心中的灯塔。很多文艺偏小众的歌手，都选择在这里进行告别或者复出的演出。有一次在从北京去南京的路上，我突然意识到一些北京的文艺人如王朔，竟也是生于南京，不知是否传承了那里的文化基因。

为什么这里是最文艺的城市？喜欢文艺就不能过穷，仓廪实而知礼节。但也不能大富大贵，那样便会金钱至上。而南京就是这样，刚刚好。这种均衡的感觉，就像是一个知心爱人，美但又不完美，恰如其分。就像南京的一些演员，都不是那种网红脸的美女，而是极具辨识度，媚而不俗，让人过目难忘。用南京作家黎戈的话来形容为"端丽中正"。而最让人惊奇的是南京话管这样的女性叫"潘西",据说来自《诗经》中的"巧笑倩兮,美目盼兮",真是底蕴十足的文艺范儿。

四

多年后的春天我又因出差到访南京。去开会时路过秣陵路,脑海里第一时间蹦出《哀江南》开头的"山松野草带花挑,猛抬头秣陵重到",然后是"残军留废垒,瘦马卧空壕;村郭萧条,城对着夕阳道……",情绪止不住地涌上来。接下来还有"那乌衣巷不姓王,莫愁湖鬼夜哭,凤凰台栖枭鸟……"。想到此处,便坐不住了,恨不得直接下车,对全城来一次全景式的漫游。

在南京小驻那几日,每天工作结束后,我都会骑上自行车,在老城区漫无边际地游荡。我想象着自己像波德莱尔游荡在 19 世纪的巴黎那样,随性地开启一场浪漫主义者的小旅行。春末夏初的夜晚略燥热,整个城市被绿色植物荫蔽。街景中不时闪现具有传统风韵的砖墙、屋檐、亭台楼阁。行道树多是高大的法国梧桐,此外还有秤锤树和南京椴。参天大树枝繁叶茂,在昏黄的路灯下,树影摇曳出 20 世纪 80 年代的气息,让人感到平静。这时候你会发现,这座城像是你一直在等的那个人,注定要在冥冥中与你相遇。很多第一次遇到的场景，都让我有会心之感。随便找一条小巷走下去，曲径通幽，历史烟云会在不经意间从街角冒出，让人怆然涕下。断瓦残垣能够催生出无尽的情绪，城市像容器一样悄然无声地将其接纳。

饿了，可以在路边随便找个小店进去坐坐。和北京不同，这里街头遍布各色小店，有着东西南北的各种吃食。当然还是以金陵小吃最具代表性：鸭血粉丝汤、翡翠包、煮干丝、糖山芋、桂花鸭、蜜汁藕、糕团小点……帝王气和平民气融合，品种繁多，丰俭由人，能够让各种肠胃感到适宜。除了最知名的南京大排档，还有很多很多食堂一样的饭店用餐盘打饭，让人有回到大学食堂的感觉。

我住的宾馆在老城南。透过窗户往外眺望，青砖黛瓦马头墙守护着老城的风貌。越过古城墙和中华门，大报恩寺琉璃宝塔出现在视野尽头。建筑在烟雨中模糊一片，每一块砖石都和六朝粉黛保持着千丝万缕的关联。这样的城市，即便是衰败也从容不迫。楼下过了马路便是大小百花巷，是留存至今的明代城南的"采花市"。青砖路面，白墙青瓦，名人雅士曾出没的深宅大院点缀其间，满满的旧时味道。老街巷的居住条件谈不上优越，略显简陋粗鄙，但在岁月沉淀之下，腐朽中也洋溢出神奇。满满的生活气息让人想起昔日的北京胡同。孩子们在巷弄里嬉笑打闹，主妇们在院子门口洗菜淘米。眼前的景象，让人想到日本摄影师秋山亮二的照片《你好小朋友》中的画面感，泛黄的夕阳投射出反冲胶片的滤镜。淡淡的光线垂下，在石板上缓慢游走，留下一个时代的背影。

五

对南京印象最深的地方，反倒是一处不是景点的角落——琵琶湖。那也是我造访明故宫后的意外收获。曾是中世纪全球第一宫殿的明故宫，在朱棣迁都北京后，便成为被打入冷宫的妃子。后历经战火摧残，如今仅留存一小部分。但你依然能感受到它当年的恢宏大气。如果放在别的城市，这样的遗迹一定会被大书特书。但在历史遗产如此丰厚的南京，这个景点便显得普通，也格外低调，看上去就像是一个稍微大些的带状公园。御道街自南向北，沿着中轴线延伸而来，在明故宫南侧的午门被一分为二，成为东西两侧平行的明故宫路。这种街道设计模式，与新城市主义代表学者卡尔索普倡导的"单向二分路"不谋而合。从地图上看，这两条路将南北两部分宫殿群紧密围合，形成一个整体性的公共空间。

自南向北走，就像穿越到了明初金陵最为鼎盛的那段时期。从明故宫北门一路向北来到钟山脚下，便可到达琵琶湖。首先映入眼帘的，是一段残存的城墙，呈"Γ"形，不算长，但高大巍峨。城墙根有一个不大的城门，进入之后，踩着石头蹚过一处溪流，最终能在茂密丛林之中发现一片隐藏的湖水。

这里没有任何游客，算得上是本地人的私藏。湖面不大，但充满野趣，各类水生植物在此自生自灭。湖的一侧驳岸是自然状态的滩涂，下雨后泥泞异常，走上去深一脚浅一脚。很多附近的居民卷起裤脚，提着小桶和铲子在挖田螺。浅滩被挖出一个个小坑，黑黝黝的田螺和淤泥一同被挖出，再拿着在湖水里涮一涮，形态便清晰可见。不一会儿，一个小桶便被装满，可以预见回家后能凑成一盘菜肴。湖另一侧的土埂子上，人们坐在小凳子上撑竿钓鱼。那天并非周末，但此处人气旺盛。

琵琶湖畔有一处茅草亭。亭子旁边杂草丛生，鲜有人至。坐在亭子里，湖面、丛林和远山在视线之内如画卷般渐次展开，眼前好似自己的私家园林。打开音乐播放器，二战前后黄金年代的爵士乐流淌出来，旋律慵懒迷人。再翻开从二手书店淘来的本地作家黎戈的散文，就着湖光山色，便可将南京的一整个下午据为己有。城墙下的一片树丛茂密异常，遮天蔽日。树丛深处，光线被完全吞噬。城墙被青苔等蕨类植物覆盖。由近及远，一片墨绿过渡到漆黑。这时一阵清丽嘹亮的歌声从林中传出，我才发现一位着红裙的阿姨在树丛中若隐若现，好似暗夜中一团跳动的火焰。她用美声唱法唱着各个年代的流行歌曲，优美动人。先是《莫斯科郊外的晚上》，然后是毛阿敏的歌曲《绿叶对根的情意》："我是你的一片绿叶，我的根在你的土地。"顿觉这座城市是一棵大树，我们只是它飘零在外的树叶。

　　暮春的夕阳斜射过来，介于暖和热之间的风微微地荡漾，湖泊渺渺如轻烟。草丛中的生物发出阵阵呢喃，显示出勃勃生机。天空融化在水中，水面没有半点波澜，只有水黾轻盈地跳跃，激起极细微的波纹。周遭一片静默，仿佛暴风雨来临前的宁静与松弛。我想，在千百年之前的湖畔，有什么样的人？发生了什么样的事？想不清楚，但这不重要。在这样一处小空间，也许有着滚滚红尘的无尽往事。或许在深不可测的湖底，有着神秘的入口，关乎天地万物、山川江流的隐秘变迁，连通着多少春秋的哀愁、幸福与虚空。天色渐暗，橘红色的晚霞倒映在湖面上，分外忧伤，分外美丽。意识深处，无数描写这座城市的文字在翻腾奔涌，却都无法表达，情绪最终归于空寂。孤独和隐忍缓缓沉入水中，温柔和慈悲浮出水面。

贵阳往事

　　这些年，因为工作的原因，每隔一阵我都会去一次贵阳。2013年夏天，我第一次去贵阳出差。从机场出来，刚上快速路，就看到环岛里竖起的城市宣传语——"爽爽的贵阳"。一开始还很好奇贵阳是有多"爽"，之后频繁去那里出差，才深刻体会到夏日贵阳的凉爽：从早到晚，屋子里完全不用开空调。相比之下，和贵阳同纬度的城市，一到夏天就纷纷变身为火炉。五百年前，被贬谪于此的王阳明，写下了这样的诗句："檐前蕉叶绿成林，长夏全无暑气侵。但得雨声连月静，不妨月色半床阴。"或许正是因为这里"长夏全无暑气侵"，所以他才能静下心来，悟出世间真谛吧。

　　去贵阳之前，在项目前期研究过程中，我就感受到了这座城市高速发展的节奏。当时贵州省的旅游总收入开始超过旅游大省云南，名不见经传的龙洞堡机场客货吞吐量也逐步跻身全国前列。我们下飞机时，看到机场里熙熙攘攘的商务人群。其实，那一年是全国实体经济和城市建设的调速之年，不少地方的经济增长与地产开发都出现减速的苗头。但这座城市依然像一个巨大又蓬勃的工地，产业与楼宇呈现出爆发式的增长势头。

初到贵阳，我印象最为深刻的还是饮食。我们住的地方距离青云路夜市不远，于是每天晚上我都去夜市品尝各色小吃。夜里十一点钟，北方的城市早已入眠，这里的夜生活才刚刚开始，街市一片沸腾。那时候网上有个叫"留几手"的红人，靠虐骂式点评网友长相而走红。而青云路上好些摊位都打着"留一手"的牌号，不知道和那个"留几手"有无关系。不过，店家们在满足吃货的需求上并没有留一手，而是竭尽全力让食客们大快朵颐。本地特色砂锅粉、牛肉粉、肠旺面、五彩糯米饭、凉拌米豆腐、青岩猪脚、云腿月饼等各有特色，其他全国通行的小龙虾、烧烤和海鲜大排档也不甘落后，竞相满足游客的需求。

在众多特色食物中，最让人难忘的是一种配料折耳根。第一次去夜市，点了几个菜，吃的时候，猛然尝到腐烂食物的味道，差点吐出来。一问才知道，食物并没有问题，只是加了配料折耳根。同行的四川同事告诉我们这是西南地区的饮食特色，就像别的地方炒菜都要放葱姜蒜一样，折耳根会以各种形式出现在我们的餐桌上。

而我更愿意叫这种配料的另一个名字：鱼腥草。味如其名，这种植物以一种独特、怪异的味道，粗暴地挑战着人们的味蕾。后来在电视上看到，身为四川人的刘晓庆，自豪地向观众展示家里冰箱装满鱼腥草。主持人面露难色地问道：那要是你的助理不喜欢吃这个怎么办？刘果断地说，那不可能，我选择助理的首要标准就是和我口味一致。让舌尖来决定的话，并不是所有的人都能做朋友。而这种食物就像臭豆腐、榴梿一样，喜欢的人爱得不行，不喜欢的人怎么都无法喜欢，世间很多事情都是这样。

曾有一段时间，我随项目组频繁去贵阳出差。当时我同样频繁地和一个北京姑娘约会。有好几次都是在贵阳出差时，和她约好在周五晚上见面。我一般周四飞回北京，周五傍晚，先去鼓楼大街地铁站和她见面，然后在附近吃饭，接着步行去后海溜达一会儿，最后打车去三里屯喝酒。快到十二点时赶紧回家，收拾收拾行李，周六早上起来又飞去贵阳。这样的事发生几次之后，我已经深刻怀疑自己是不是个客居北京的贵阳人。

好在顽固又倔强的味蕾，能提醒人们故乡与他乡的区别，就像《盗梦空间》中的陀螺，让我们分清现实与梦境。后来我们项目组干脆留在贵阳，驻场工作。有一天晚上加班到深夜，肚子饿得咕咕叫，跑到楼下去买吃的，结果看到各种食物里都加了折耳根，在我快要绝望的时候，终于找到一个卖烧饼夹菜的小摊，没有任何折耳根的踪迹。

摊主给我做好一份，我赶忙付钱。正要拿走饼时，他突然用指尖撮着撒下一种调味粉。"这是折耳根做的粉，特别好吃。"他兴奋地对我说。我的心仿佛一个气球，我用尽力气吹它，在即将达到期望的大小时，气球砰的一下爆炸了。我的胃和精神，一下子都泄了气。

如果用拟人化的眼光来看，贵阳及其周边地区都有一种少年气。这种少年气与年龄无关，而关乎生活的热忱与活力。在这种热忱与活力面前，初入中年的我甚至有些老气横秋。城市中心也充满了活力与烟火气。我们住的地方是城市的中心地带，宾馆前面一条路被称为"小香港"，各种潮流服饰店和咖啡馆、酒吧云集。过街天桥连通四面八方，并且直达大楼中的饭店。这颇似港剧里的场景——港岛中环的人行天桥，将各个楼宇连接为一个立体都市。当然，相比港岛的小资情调，在这里你更多闻到的是肠旺面的市井味道。沿着周遭几条道路，城市百年的繁华辐射开来。商业街上人来人往，时不时能看到穿着少数民族服饰的老人经过。晚上总能看到有人在路边唱歌，唱的都是老歌：唱伍佰，唱周华健，唱李宗盛，唱尽世间繁华与沧桑。巨大的广告条幅从十几层的百货楼顶铺下来，覆盖整个楼的立面，上面印着迷人的汤唯。她似乎在微笑着告诉你，如果你选择这款洗发水，就会拥有她那样柔顺的大波浪。

在贵阳的合作伙伴中，我印象最深刻的有两个人。一个是老城区的本地人小谢。他长得白白胖胖，像是弥勒佛，给我一种典型的成都人的感觉。他是个天生的乐天派，注重市井生活的享乐。下班后他总是带我们在老城区闲逛，哪里好吃，哪里好玩，没有他不清楚的。他告诉我们，他上的小学就在甲秀楼旁边，中学离得也不远。"基本上上大学之前的人生，都在市中心三千米范围之内展开。"当时的老城区十几平方千米，八十多万人口，不知道藏着多少像他这样的生活家。

另一个则是来自贵州西南山区的小宇。小宇是小谢的上级，但非常书卷气，性格较为内向，再加上偏瘦的体形，总是被别人当作咋咋呼呼的小谢的下属。小宇读书时是典型的三好学生，毕业后进了公司又是典型的劳模、标兵。他有一双水汪汪的大眼睛，非常像当年希望工程宣传画里的那个女生的眼睛。他住在郊区的超级大盘花果园，每天起早贪黑地往返于家和公司之间。有一天集体去调研一个项目，我们约好早上在他们公司楼下见。到了约定时间的最后一秒，小宇终于出现，他迈着沉重的步伐，满脸疲惫，水汪汪的大眼睛布满血丝。见了我们，他赶忙解释说昨晚有个急活，加班熬夜到后半夜。

小谢和小宇经常问我一些关于北京的问题。他们问我，北京哪个区的居民最富，郊区的一个村长一年能赚多少钱，他们上次去北京出差住的宾馆对面的洗浴中心从业者来自哪里，……都是一些难以回答的问题。当然，他们也不很在乎问题的答案。经常是我还没来得及解释，他们已经开始问下一个问题了。

在贵阳驻场的那段日子里，我和小谢、小宇以及几个四川同事整日待在一起。他们能用四川话和贵阳话无缝沟通，我有时也学着说两句，甚至尝试和街头摊贩进行口语实战。不过没有语言天赋的我发音怪怪的，有些人就问我是不是湖南来的。

小谢带我们去过很多地方，最特别的，是一个本地资深美食家才知道的丝娃娃店。我们在小巷子里七拐八拐，进了一个破旧的居民区。一直走到小区深处，接着进入一个没有灯的门洞，上楼时能看到墙壁上贴满了花花绿绿的小广告，从修家电、开锁到特色服务，各种广告应有尽有，唯独没有丝娃娃的广告。爬到顶层，敲开保险门，和老板对暗号似的打个照面，才得以曲径通幽，进入花花世界。

丝娃娃，其实就是素春卷，在贵阳街头随处可见。许多顾客直接坐在街边小板凳上品尝这美味。在我看来，这玩意儿本质上是素菜版的北京烤鸭，或者是微缩版的烙饼卷菜。同样是用薄饼卷着菜吃，但丝娃娃的饼却薄如纸，近乎半透明状态，尺寸也小，刚刚覆盖手掌。可供选择的素菜有胡萝卜、黄瓜、海带、粉丝、糊辣椒等，各种菜品都切成非常细的丝状，各色相间，五花八门。与北京烤鸭不同的是，酸辣汁取代了甜面酱，给予味蕾猛烈的刺激。同时与烤鸭相比，丝娃娃更加低脂低热量，不知道这是否是贵阳女人普遍苗条的秘诀。这道菜可以说是很完美，当然，前提是不放折耳根。

两年后再次来到贵阳参加一个行业会议。飞机降落前，隔着机窗俯瞰那些熟悉的小山包便心生欢喜。这座城市给我印象最深的，就是散布于城市内和周边的无数个小山包。每个小山包高度不同，但是形态惊人地相似，都是从大地上隆起柔和的曲线，轮廓圆润平滑，远看可爱异常。从天空鸟瞰，许多小片的城区与小山包相互拥抱，像马赛克一般有机地拼贴组合。每一小片城区都像是点缀在绿色荷叶上的水珠，不断翻滚、扩展，继而相互连接和融合。

车子在碎片化的城区之间快速穿梭。这些年，各种新城新区在山岭之间不断地冒出。无数的隧道从一个又一个小丘之中穿过，像是静脉输液的针管，为这片土地注入源源不断的营养液和兴奋剂，使这座城市得以保持一种"基建狂魔"的姿态。作为新区的代表，观山湖区的百花新城似乎用它的名字为蔓延生长的都市做了一个注脚：（新城新区）百花齐放、争奇斗艳。变化中的城市，每次都让到访的我感到日新月异、眼花缭乱。

当身处其中，更能感受到这是一座山丘中的城市。在朦胧的夜色中，从酒店窗口望出去，对面两栋大楼之间，有小山丘拉起圆滑的弧线，仿佛侏罗纪世界里梁龙耸起的背脊。随着城市的快速发展，建成区蛙跳式扩张，向周边蔓延。现代化的快速路让我们得以迅疾地穿山越岭。从一片城区到另一片城区，我们的车常常要在小山包里来回穿梭，视野里会忽而闪现密集高耸的楼盘（例如亚洲第一大盘花果园），而更多的时候则是一片片苍翠碧绿的自然景观。山岭与建筑、道路、基础设施深度融合，你中有我，我中有你，城市成为一种赛博格[1]。在茂密的绿野之中不断闪现的裸露的大地，像是等待进行植皮手术的肉体。城市整体上拥有深绿的背景色，如电影《路边野餐》的墨绿色画面一般。那部电影拍摄于小城凯里，它在贵阳往东百千米外，也是一座山城。正是一个个小山丘的存在，让贵阳拥有了独具魅力的自然景观。简·雅各布斯在《美国大城市的死与生》里写道："谁会喜欢这种无趣的郊区化发展胜过永恒的自然奇观呢？"如果说新加坡是花园城市，那么贵阳就是山野公园中的城市。诸多大小公园都以小山丘的形式存在。可惜的是，城市建设中不少小山丘被推平。希望这样的现象能少一些。

那次在贵阳，一直都待在国际会展中心开会，那里也是生态文明论坛的永久会址。这个系列论坛让贵阳逐步走向城市竞技场的核心。对于这个身处绿野之中的城市来说，生态成为它的一张名片，确实合情合理。在会议期间，一个其他单位的同行，想叫我和他一起去安顺的屯堡考察，不过最终没有成行。后来我搜了一下资料，才知道距离贵阳市不远竟然有这样的村子：遍布着石头垒的有数百年历史的房子，人们依旧穿着明代的服饰，保留着古时的遗风。在

---

[1] 赛博格（Cyborg）：机械化有机体。

错落的城市与柔和的小丘相映成趣

时光的琥珀中，历史的活化石晶莹剔透，给人穿越之感。

虽然没有去成屯堡，最后一天会议考察时，我还是随大部队去了黔灵山公园考察。本以为这就是个普通的城市公园，没想到植被茂盛异常，参天大树遮天蔽日，有点像电影《霍比特人》里巨树丛林的场景，颇为魔幻。走到半山腰，先是听到动物的叫声，接着许多猴子纷纷冒出头来，跑到路边向游客们讨要食物。适逢周末，许多市民来到这里，给猴子送食物，和猴子们一起嬉戏。有些人还拿起手机，和跳上自己肩膀的猴子合影。

最近一次去贵阳，是去参加一年一度的数博会。如今大数据产业已经成为这座城市的支柱产业，使城市完成了由工业化向信息化的大跃进。大数据这一新兴产业在这样一个较为偏僻的城市形成集群，是否和这座城市的气质有些许关系？我曾经想过，但也不好下结论。除了爽爽的天气——凉爽的气候利于数据中心散热之外，或许这里的文化特质也是原因之一。西南地区远离中原、江南这样的儒家文化核心区域，有更多野蛮生长的活力，城市基因里有着不按套路出牌的精神。这里就像一个沸腾的火锅，鲜活且兼容并包，你不知道里面会有什么新东西冒出来。

第二天，花了一整天时间，在国际会展中心主会场逛遍了所有厂商的展台。除了各路厂商和商务人士，还有不少本地家长带着孩子来参观，把这里当成了一个大型聚会。下午展览快要结束时，走出会展中心，天空乌云密布，颇有黑云压城城欲摧之感。接着，先是零零星星的雨滴落在身上，然后豆大的雨珠打下来，迅疾变为暴雨。会展中心附近的人群呼啦一下四散逃离，整个城市处在倾倒的雨水中。我也跑到屋檐下避雨，焦躁不安地等待，并幸运地叫到了出租车。在开往机场的路上，世界模糊一片，车好似洪流中漂泊的诺亚方舟。车载广播反复在播毛宁和杨钰莹的老歌《心雨》："我的思念是不可触摸的网，我的思念不再是决堤的海，为什么总在那些飘雨的日子，深深地把你想起……"看起来像是"九五后"的年轻司机，跟着节拍，摇头哼唱。车窗上的雨刷来回摆动，窗外的景象如梦幻泡影。

回想起来，来贵阳的次数不少，多数情况都是来去匆匆。总是想，如果有可能，下次不再以工作为由，好好来这里住上一段时间，可惜机会难觅。在广袤的时空中，人们就像一个个躁动不安的原子，不停地跳跃、漂移。城市则像是轨道，人们在不同的轨道间飞来飞去，时不时与某个城市产生交集。总有看不见的力在左右着我们的相聚与疏离，个体则无从把握这种命运。或许这就是人与城市的缘分。年龄越大，在不可控的命运面前越有飘零之感。在离开这座城市的飞机上，我读到一首诗《我怀念往事 像落叶怀念风声》。用这首诗与这座城作别，再合适不过了。

重庆森林

    很小的时候我就知道重庆有"雾都"的别称。偶然在电视上看到电影《重庆森林》的介绍，不记得故事发生在哪个城市，但银幕上出现的昏暗的钢筋丛林，在我脑海种下了一种烟雾缭绕的意象。从那时起，在我心中重庆便和雾气腾腾的森林不可分割。多年后听一位建筑师的讲座，他在开场白中说自己高考后因为王家卫《重庆森林》这部电影的名字，选择去重庆读大学。但到了重庆之后才发现，那部电影拍的是香港的重庆大厦，与重庆这座城市并无关联。顿时心有戚戚焉。

    在我的意识之中，电影《重庆森林》虽然拍摄于香港，但其展现的那种光怪陆离的都市氛围以及都市人迷惘的情愫，与烟火重庆很容易产生共鸣。将这种共鸣之处与这座西南的直辖市相联系，"重庆森林"这个名字的背后便是两江交汇的清流，是巴山夜雨的阴柔与暧昧，是暴雨过后山崖上升腾的水汽，是常年阴郁的天空。许多不可言明的情愫，都可以遁入这片由城市构筑成的森林之中。

此次来重庆，办完公事之后，余有半天时间闲逛。我没有去任何景点，只是信马由缰地在老城区漫步。在渝中区高低起伏的居民区里，山城步道宛如柔美的丝线，串联着城市隐秘的角落。比起打卡那些网红景点或者是在江边拍摄高楼大厦，这样的市井漫步更加有趣，更能和这座城市的日常生活产生关联。在老旧居民区可以看到一些社区更新改造的痕迹。比如曾家岩一带的许多小区底商的装潢都统一改造成了民国风。与整齐划一的工程改造相对应的是本土居民日常生活的多样性。社区在年复一年的生命历程中，见证着规划与自发两种力量的博弈，直至二者形成均衡。

小路如蛛网般将楼宇网罗。蜿蜒的车行道向两侧分出无数小径，然后按照树枝状的结构继续分形，最终消失在视线尽头。人行的小径紧贴着大地的肌肤，高低起伏，构筑了居住区的路网骨架。这样的山地人居营造方式带来自然的空间变换体验。在北方平原城市住惯了的人，初来这里会感到整体空间的逼仄。待久了，则能逐渐感受到其中的魅力。就像苏州园林中的小径一样，山城步道曲径通幽，就着地形地势延伸，给人以极其复杂的交通体验。空间尺度虽然有限，溜达的方式却变化万千。一路爬上爬下，虽然腿脚辛

建筑随地形起伏，树丛见缝插针地填满居住区的角落

苦，但体验却指数式增长。川渝的传统民居历来有着匠心独具的营造方式，被称为"山地十八法"。这样灵活又富有创造力的建设方法，在重庆老城的居民区中同样得到了发扬光大，也使得人们的生活和自然更加和谐交融。

山城有限的建设土地，让楼宇的日照间距成为奢侈品，再加上常年阴雨，漫步其中，总感到一种阴郁的氛围。昏昏沉沉，阴阴暗暗，这样的意象已经成为这座城市的一个标签。因此，这座城市有一种阴性属性，但又与其他以阴柔著称的城市不同，这座城市更加柔美，也更加有力量。据说川渝地区女性地位较高，新生儿男女比例也相对均衡。以泼辣著称的重庆女人，更是将一种旺盛的女性魅力赋予了这座城市。漫步在山城步道上，时不时会与当地女性擦肩而过。或许是常年爬阶梯的缘故，她们都有着健美的小腿，走在石阶上，像羚羊在丛林中跳跃。

山城步道是重庆近年来重点建设的项目。密集的步道网络，如同毛细血管一样嵌入老城区，帮助建筑与丘陵地表实现紧密贴合。步道两侧有不少壁画，将附近老房子的典故一一展现给游客。不经意间经过的一些看似寻常的老房子，都不乏深厚的历史。高低错落的居民区其实挺适合跑酷，或者是开展自行车坠山（DH）运动。好在潮人们没有在这里开发网红打卡地。在网红城市喧嚣的背后，这里的居民区保留了这座城市的另一面，蕴藏着迷人又深不可测的故事。我第一次来重庆之前看电影《好奇害死猫》时，就从影片中隐约感受到了这样的气氛。电影里，女主角跟踪外出幽会情人的男主角，看着他拾级而上，消失在陡峭的石阶上。男女之间的秘密，便被封锁在电影画面中晦暗的气息里，不可知又不可说，善良和罪恶都无声无息地隐匿。沿着看似没有尽头的步道一直走下去，或许可以抵达这座城市灵魂的最深处。

这座城市的底色是墨绿。由于地形的限制，居民区里并没有大面积的公共空间。但是见缝插针的口袋公园、街头绿地还是频繁出现在眼前。再加上垂直绿化设施，把这里的老小区变成了立体的花园。重庆人是如此热爱盆栽，家家户户阳台上都摆满了各种绿植，楼顶上也遍布花草，仿佛空中花园。藤蔓爬满灰暗、破旧的建筑立面，将其变成水泥巨树。一栋栋这样的楼宇集合起来，整个城市便成为一片错落有致的热带雨林。置身其中，能感受到森林的遮天蔽日、水汽蒸腾。在居民楼背后有一些未被妥善管理的空间，在自然的力量之下，这里生长出小面积的茂盛丛林。虽然看上去杂乱无序，但却充满野趣。翡翠珠缠绕在本地常见的黄桷树上，野生的海芋在树下肆意生长，巨大的叶片遮挡住大树裸露在地面上的发达根系。茂盛的鸭跖草爬满了每一寸土地，在地表建立起复杂的生态网络，也覆盖了许多残枝败叶——那或许是暴风雨的见证者。野猫出没在荒芜的小径上，鸟儿在树丛中飞跃，草丛中偶尔发出不知道什么动物的啼鸣和动静。这是极为生动的空间。作为迷恋旧时光趣味的人，在这里我感到自己不是过客，反倒像是归人。漫步其中，会想起小时候在部队大院，或是在亲戚家那些国营大厂的厂区闲逛的情景。每一个大院都会有一片这样的隐秘丛林，树下杂草丛生。在每一个没有课的周二下午，我都会独自一人去往这样的地方。大院里静寂一片，眼前的世界留给我去探秘。

与国内其他城市一样，这里的老旧小区大多为国有产权的公房，深红的砖墙与弥散在周遭的墨绿色基调，给人一种胶片电影的视觉观感。在这样的氛围里，从眼前细微之处，就能进行深邃的洞察。我联想起武汉大学的老斋舍，以及珞珈山上众多消隐于丛林的老建筑；想到第六代导演章明的电影《巫山云雨》中那永远灰蒙蒙的天空和江边湿漉漉的少妇；感动于南方地区植物旺盛的生命力。我相信表面之下深不可测，如同叶脉纹理之中蕴藏着无尽的幻象，以及红尘俗世背后躲着那混沌一片的江湖传说一样。此刻，人与建成环境也好似纠缠已久、分分合合的男女一般，关系暧昧不清，永远无法脱身。

与热带雨林中的植被立体分层类似，不同类型的人群也镶嵌其中。十多年前的文艺青年们顶着"非主流"的称号，在绯红的砖墙和深绿的树丛旁留影。他们一般会摆出 45 度仰望远方的姿势，眼角流露出刻意的悲伤。随后照片会被反冲做旧，并配上"ヅィ故個

飛翔锝夢 ※"，或是"葉子的離開是風的追裘，還是樹的不輓畾乂"的不知所云的文案。随着这样的照片逐渐稀少，互联网初代人的青春记忆，便被埋葬在这些场景的意象之中。而如今置身于同样的场景里，举目所见却都是白发老人。如果不是因为有学区房，这里很难吸引到青壮年家庭。老公房被叠加了"老破小"和"学区房"的双重身份，在资本驱动的内卷游戏之中，也只能在地产市场上随波逐流。偶尔能看到，隐藏在居民楼角落的苍蝇馆子门口，接孩子放学的男人等着打包饭菜。叼着烟的老太婆冷眼与你目光相对，瞬间又转过头去。

　　在重庆的最后一夜，我做了一个诡异的梦。梦里我化身为神农架的野人，浑身长满浓密的毛发，拥有锋利的爪子和獠牙，于深山老林之中茹毛饮血。一个偶然的机会，我沿着长江三峡逆流而上，穿过巫山和大巴山，来到这座喧嚣的山城。野人面对大都市的高楼大厦、车水马龙无所适从，于是便沿着山城步道逃到老居民区，躲进城市密林深处，就此消失不见。

杭州巴黎

　　我站在一座法式园林中的小丘上，视野开阔。放眼望去，面前的圆形喷泉池中，仿制的青铜人物雕塑仪态万千。池塘前的广场上，植被被修剪为左右对称的几何图形，向前延展。在园林的入口处，环形柱廊分列两侧，前面是宽阔的景观大道。作为中心轴线的大道气势恢宏，尽端直指埃菲尔铁塔。轴线两侧，是整齐划一的米灰色、六层高的古典法式住宅。底层做商铺，六层有阳台，蒙萨式坡屋顶[1]呈深灰色。建筑群整体雄伟壮观，细部尽显华丽。雕花栏杆、波纹窗格富丽堂皇。在绚烂的阳光照耀下，建筑闪烁着古典时代的光辉，让人叹为观止。

---

[1] 又称折面屋顶，是法兰西第二帝国时期的典型建筑风格。

有那么一瞬间，我觉得眼前就是 19 世纪的巴黎——本雅明笔下"都市游荡者"所在的那个流光溢彩的世界之都。事实上，我是在一个炎热的午后，驻足于杭州近郊的一片居住区。连日的高温让人几近眩晕，在因疫情而不能出国的第三年，眼前忽然出现一片异域的城市，好似海市蜃楼，奇异又让人恍惚。此刻，只有底商的棋牌室、足道、衢州鸭脖和蜜雪冰城等店面，以及中国南部特有的湿热的空气，才能将我的认知拉回现实。

　　这是在这座充满东方风韵的城市中的一次逃逸。我从萧山出发，经过下沙，来到临平。一路上看到连片的工业厂房、大量平整过待开发的土地、建筑风格光怪陆离的城郊村，看到迎接杭州新亚运以及严打黑恶势力的标语，看到无数的塔吊、货车和城乡接合部。最终来到一片城市中的异类，一个仿制的巴黎。

　　天都城，这个始建于本世纪第一个十年的地产项目，是在杭州乃至浙江省都举足轻重的一个超大型楼盘。它占地千余亩，投资超百亿，可容纳十万人居住。根据开发商的介绍，这里打造的是一个"巴黎式花园"。天都城以全面克隆巴黎为特色，核心区域有仿制的巴黎香榭丽舍大街、战神广场和埃菲尔铁塔，并配套建设有一千亩模仿凡尔赛宫的天都公园，其中还有香波尔城堡等一系列仿欧式名胜的建筑。

　　置身于这片硕大无度的居民区中，我联想到北京的回龙观、天

站在天都公园的观景台远眺天都城，仿造的埃菲尔铁塔出
现在视线的终点

通苑，贵阳的花果园，以及巴黎郊外的社会住宅。与那些现代主义住宅相比，天都城是以新古典的风格呈现的。或者说，它其实是一个以 19 世纪巴黎建筑为主体的"万国建筑博物馆"。在豪斯曼改造的那个巴黎的基础上，这里还点缀着文艺复兴时期风格的雕塑、小品。在香榭丽舍大街周边，还有各类英式、意式和德式的住宅。而在仿制的埃菲尔铁塔后面，大量在我国司空见惯的现代化高密度商品房矗立，豪斯曼的巴黎与柯布西耶的巴黎在此相遇。天河苑是天都城的核心区，巴洛克建筑群沿着轴线对称展开，好似美轮美奂的乌托邦。19 世纪的布杂艺术美学（Beaux-Arts），经由工业流水线的复制在异域生根发芽。这种建筑审美没有与本土融合和妥协，而是以一种生硬、高冷又不可置疑的姿态，与已有的城市肌理冷漠对视。

天都城曾因一部 MV 而在国外声名大噪。在为歌手 Jamie XX 拍摄的 MV 中，导演罗曼·加夫拉斯脑洞大开地选择了这里作为拍摄地。MV 的主角是一名患有白化病的黑人。在 MV 中，超过四百名穿着同样服装、染着同样黄发的中国男孩，与主人公一起，每人站在一套住宅中，透过窗子望向外面。高层住宅外的无人机对着他们拍摄的画面，好似无限重复的矩阵。最后男主角站在"山寨"的埃菲尔铁塔之下，望着几百个围绕着他旋转奔跑的男孩，眼神迷离。阴晦的画面，充斥着怪诞的暗黑感。展现出华丽与颓废并存的废土美学。敏感的神经能感到其中对于种族与文化刻板印象的隐喻。按照导演的说法，这个 MV 是"一次穿越世界的成人之旅"：文化变得疯狂，因此需要灵性来提升自己。而染黄发的灵感来自他曾经的一个梦境：在梦中，中国人都是金发。

这部 MV 走红之后，一位叫弗朗索瓦·普罗斯特的摄影师受到启发，拍摄了《巴黎综合征》组照，来表达他所认为的"司汤达综合征"。在这组照片中，他通过高度类似的场景画面，把真实的巴黎与这座山寨的巴黎做了对比。对此他倒是很真诚地表示遗憾："这些图片也可以说明中国和亚洲是如何看待欧洲的……但亚洲的文化遗产也同样十分丰富多彩啊，他们不该有这样的情结，这似乎有些太过了。"

在 20 世纪 90 年代，深圳世界之窗和北京世界公园引领了各地的微缩仿制景点建设风潮。在新世纪，城镇化进程加快，大量的"山寨"城区在各个城市如雨后春笋般出现。经济后发的民族，通过批量复制的形式，急迫地在文化景观上与参照者看齐。广东惠州高仿了奥地利哈尔施塔特镇，上海出现了以泰晤士小镇为代表的一批欧洲小镇。各地的奢侈品购物街无不以欧式街区为建筑形态，也往往成为婚纱摄影与街拍的胜地。

1987 年 8 月 8 日，杭州的武林广场上，数千双仿冒、劣质鞋被当众烧毁。这象征着以廉价仿制而著称的浙商的一次痛苦的转型。

仿造的欧式公园人迹罕至，废弃的建筑与
车厢有一种不真实感

天河苑的居民将衣服晾在欧式建筑的窗外，"十九世纪的巴黎"此刻
拥有了本土化的生活意趣

从那时起，浙商卧薪尝胆，开始探索自主创新的道路。而如今，作为"新一线"城市的领头羊，杭州在国际化过程中依然深陷于经济后发地区的文化焦虑。城市急迫地需要复制文化符号来证明财富上的成功。象征着"老钱风"的"法式奢华"受到新富阶层的热捧，"凡尔赛"成为心灵世界的尽头。经济上的成功并未改变文化基因中对炫耀的需求，与全国其他地方一样，日光之下并无新事。

按照《景观社会》中居伊·德波的说法，在大众媒体高度发达的消费社会，个人生活被全方位地景观化。从"山寨式"购物街到"山寨式"居住区，都意味着人们向往的生活即为可复制、可交易的商品。在这里，人们的日常生活存在于网红打卡时拍的照片与视频中，在看与被看的交互中，在东亚式的攀比中，经由资本驱动，对舶来品进行"拿来主义"式的批量复制。我们想象中的都市生活，更符合本雅明和阿甘本做出的时代诊断——体验的贫乏乃至丧失。网红打卡、婚纱照与写真取景，让生活凝固在液晶屏的图像中，一切皆幻化为景观。

巴黎症候群，最早是用来描述日本游客到达巴黎等欧洲城市后，因内心幻想与现实的反差造成的精神恍惚症状。如今，这种症状变异为另一种形态，在东方山水城市的一角生根发芽。出现这样的症候也好，去不了巴黎，仅靠"山寨"建筑便可幸福地活在幻想的泡泡里。巴黎是全世界布尔乔亚的精神故乡，特别是19世纪那个经由豪斯曼大刀阔斧改造而焕然一新的巴黎。凭借其发达繁荣的工商业和都市文明，巴黎成为西方现代性世界的首都。巴黎华美壮丽的建筑与轴线，被世界各地的城市学习。从美洲的布宜诺斯艾利斯、华盛顿，到欧洲的圣彼得堡，都有模仿巴黎的印记。在 21 世纪，巴洛克的巴黎依然持续地影响着世界。在大规模城市化的中国，许多城市都用巴黎之名来命名小区和建筑。而天都城几乎复制了巴黎整个城市——那个流光溢彩的世界之都。

如今的天都城，早已告别了荒凉。沿着巴洛克式的城市轴线漫步，眼前是充满烟火气的中国式生活场景。围墙中的天都公园成为每人次收费四十元的旅游景点。没有围墙的开放式街区，在防疫期间还是被隔离成若干封闭小区。装饰华丽的阳台上，挑出各色晾衣杆、晾衣绳。和巴黎典型的外摆咖啡店不同，这里因为多雨，临街商业都在室内展开，且业态多为日常生活服务和教育培训。因为没有集中供应的天然气，居民们需要扛着燃气罐上楼。外来建筑与本土文化相互交织，构成戏剧性的舞台场景。城市和空间使用的内核依然是传统的。与 19 世纪巴黎那些轻浮的花花公子形成呼应的是本地的一些"二代"，他们驾驶着来自欧洲的超跑轰鸣而过，坐在副驾位置的网红模特，在欧美风的浓妆下不乏人工雕琢的痕迹。他们打开苹果手机，一边在网上抨击欧美，一边海淘抢购欧美奢侈品。

除了繁荣的商业文明，这个仿制的巴黎城还缺少了文化艺术。

你无法在这里找到对昔日巴黎的浪漫想象,那是罗曼·罗兰的政治精神,是大仲马和小仲马的文学著作,是马奈的画作,是波德莱尔的都市漫游,是本雅明的拱廊,是在街头巷尾闪耀的人文光辉……而在波德莱尔笔下,19世纪的巴黎是"一个巨大的沼泽","汇聚一切美好与琐碎"。在那里,艳丽与邪魅、天堂与地狱并存。从波德莱尔、本雅明到大卫·哈维,不乏对于黄金时代巴黎的赞扬,但更多的是批判。那是个一半天堂一半地狱的恶之花园。新巴黎对于老城物理与文化层面的深度破坏影响至深,现代性的负面作用初现,资本与权力形成空间的合谋。正如波德莱尔所言:"老巴黎不复存在","城市的模样,变得比人心还快"。

傍晚时分,微缩版的埃菲尔铁塔亮起灯来,并不断变化颜色,像个游乐场的地标。这个钢铁建造的庞然大物,代表着城市这个终极人造物的璀璨。我不由得想起波德莱尔对巴黎拱廊街的描写:"煤气灯亮起来了。掌灯人穿过拱门街挤满建筑物的通道和夜游症的人群,把幽暗隐晦的街灯点亮。玻璃屋顶、大理石地面的通道、豪华的商品陈列、赌场、玻璃橱窗……人群的面孔如幽灵般显现,他们焦灼、茫然、彼此雷同,拥挤得连梦幻都没有了间隙。"19世纪的巴黎,或许是这座城市的镜像。通过对他者的观望,可以加深对自身的理解。我们学会了如何快速获取财富,但还没有学会如何拥有财富。奢华是攀比的工具,城市空间在商品拜物教的引导下不断迭代。这个过程太快了。易耗的消费品，比如豪车或者奢侈品，在历史的进程中转瞬即逝。但是建筑与城市，则能持续百年甚至更久。建筑作为特殊的产品，拥有更多的公共性，对公共环境和市民的空间感知影响深远。

19 世纪的巴黎是福楼拜笔下声色刺激的场所，是一个"被称作上流社会的那个模模糊糊、闪闪发亮和难以言表的东西"，也是一座"折叠"的城市，"奢华者的巴黎"与"贫穷者的巴黎"的空间分野和阶级分野不断加深。大卫·哈维引用巴尔扎克的论述："两座城市几乎互不相识，一座在正午起床，另一座则在八点休息。他们很少正眼瞧过对方……他们说着不同的语言。他们之间没有任何感情，他们是两个民族。"而在杭州，从西湖出发，向北二十千米处，有着另一个杭州。

山河与故人

在我看来，近年来最能反映城市化大潮的电影，非《山河故人》莫属。影片记录了沈涛、梁子、张晋生三人跨越三个时代的人生故事。从 20 世纪 90 年代的青年时代，到本世纪初的中年时代，再到虚构的老年时代，三人从山西汾阳出发，在国内外谱写了不同的人生篇章。在我看来，这部电影可谓是一种另类的纪录片，以小见大，既是对急速变化的时代的叙述，也是对城市化大潮的一次诗意表达。汾阳、上海、澳大利亚、煤矿、小镇、都市，金钱、家庭、文化，爱情、亲情、故土情，多个地域和场景的变换，三个年代的变迁与激荡，人与大地纠缠出复杂又微妙的关系。小人物在时代洪流中的命运，恰是对我们身处的宏大城市化时代的绝佳注释。

《山河故人》选取了 1999 年、2014 年和 2025 年这三个时间点，通过三张不同的画幅，如同断代史诗般向这个大时代致敬。在1999年的山西汾阳县城，性格开朗的姑娘沈涛在敦厚老实的矿工梁子以及乍富的煤老板张晋生之间徘徊不定。三角形最稳定，但三角关系却注定无法长久。最终，"男人不坏，女人不爱"的法则得到印证，沈涛选择了新兴富豪张晋生，忠厚的矿工梁子则远走他乡。回顾20世纪末，那是城市化发展的一个拐点。1998年房改之后，商品房开始大规模建设，地产行业风起云涌，新城新区如雨后春笋般出现。全国城市化水平一路飙升，90年代中期刚过30%，随后以每年超过1个百分点的速度，快速上升到60%。城市成为空间生产的机器，在GDP主义的指引下，大规模的城建工程如同巨浪翻滚。资本上紧了发条，飞速进行自我复制和增殖。土地的大规模开发，带动了重工业、化工业的大规模发展。以煤炭为代表的能源行业也大规模扩张。无数像影片中张晋生这样的煤老板在山西等地出现。他们是城市化大潮中的弄潮儿，通过各种手段，实现了财富的迅速积累。

影片的第二个时间点在2014年。此时，长期在煤矿工作的梁子得了重病，他携妻带子，双手空空地返回家乡。为了治病，梁子的妻子不得不求助于沈涛。此时的沈涛已经和张晋生离婚，独自经营着一家加油站，经济富足而感情空虚。张晋生则脱离了煤炭行业，带着儿子到上海滩闯荡，在资本市场上进一步释放自己的野心。他的儿子叫张到乐——这个来自英文 dollar 的名字，赤裸裸地展现出他对于金钱的渴望。在这一阶段，几位主角都面临着感情巨变和生死别离。人到中年的困顿在不同的城市上演。

不知道影片中的2014年有何寓意。在现实中，这一年是新型城镇化元年。适龄劳动人口开始逐年减少，经济增长速度开始放缓，城市化大潮也开始调整节奏。地产的黄金十年结束，在一些地方，轰隆隆的造城运动戛然而止。一些能源大省则开始陷入低谷。这是一个时代的结束，亦是一个新时代的开始。影片中梁子的工友告诉他，有人介绍他去哈萨克斯坦的阿拉木图打工。随着"一带一路"倡议的实施，资本和人口逐步流动至更大的空间开启新篇章。

影片的第三个时间点是尚未到来的 2025 年。在这一年，张晋生和儿子张到乐移民澳大利亚。作为 1.5 代移民，张到乐开始以英文为母语。他和父亲关系冷淡，却和同样身为移民的中文老师发生了忘年恋。他渴望回国去见自己的亲生母亲沈涛，但在临行时又徘徊不前。冲动和叛逆，在忘年恋面临的世俗压力面前，又变为犹豫和软弱。而在国内，步入老年的沈涛依然独身。在一个下雪的冬日，她来到野地里，在纷飞的雪花中独自起舞。两代人远隔大洋，在不同地域展现着爱恨纠葛。

这段故事或许是全球城市化的一个样本。城市化不仅是从乡村到城市的人口流动，人口的跨国流动将世界连接成一张网络。在全球化浪潮下，各国密切的经济往来进一步强化了全球城市网络的关联。而那些全球城市就是网络中的重要节点。对于移民来说，移民国家的大城市是最佳的落脚之地——多伦多、温哥华、奥克兰、墨尔本、悉尼……影片中用透明的电子产品来展现未来智慧城市的发展方向。而在技术潮流之外，人的情感依然是城市化的核心。澳大利亚，一座巨型的孤岛，或许是人与人情感疏离的一个隐喻。这个曾经推行过"白澳政策"的国家始终和亚洲若即若离。一拨一拨向外迁徙的华人从当初背井离乡做苦力的老侨民，变成了如今通过投资来移民的财富新贵。张晋生这样的新移民正是卡斯特的"流动空间"理论的注脚——卡斯特认为精英主导的流动空间带来了空间的不平衡性。而张到乐的英文口音，既非澳式，也非美式，他仿佛没有根的少年。张艾嘉是中国台湾地区人，却扮演来自中国香港的中文老师，"两岸三地"的情感关联都展现在这段老少恋情中。

按照学术的定义，城市化（又称城镇化）是人类的生产和生活方式由乡村型向城市型转化的历史过程，从这个角度看，《山河故人》这个名字起得着实好。山河依旧，不变的是地理环境，而故人唏嘘的，是人与故土的情结。三个时间点，一个大时代，见证的都是人的流动。在这种流动的浪潮中，人与人、人与故土、人与都市、

电影《山河故人》剧照

人与海外的关系，被一一展现。在这样宏大的时代背景下，个人视角的叙事是更动人的故事。在工程机械的轰鸣声中，在冷冰冰的钢筋丛林里，有着无数颗柔软的心。身处城市化浪潮中的我们不会忘记这样的故事，《山河故人》再次给予我们这样的体验。

若干年前，强调"以人为本"的新型城镇化规划开始出现的时候，我在某地参与了其新型城镇化规划的编制。当时我甚至想将汇报项目的幻灯片演示文件封面设计为一百个当地人的照片合集，以反映"人的城镇化"。这看上去像是商业广告的效果，自然不被正统而严肃的领导认可，因此最终未能实现。但我想，如果有朝一日能拍一部城市化的纪录片，宣传海报未尝不可采用这样的设计——相比一百栋楼宇，一百个市民的面容、一百位市民的故事，或许更能代表城市的模样。

感谢《山河故人》给予我们每一个处在城市化大潮中的人这份感动。影片中几位主角的相聚与离别、奋斗与挣扎，其实也是我们自己的故事。张一白导演评论说："每个人都有自己的山河故人，只有贾樟柯把他们拍出来了。"时代洪流下的人性的光辉，我们这些研究城市化的人没有机会记录，胶片却将其留存。影片中反复出现的老歌《珍重》，道尽了时空变幻下不变的情感。"不肯不可不忍不舍失去你，盼望世事总可有转机。牵手握手分手挥手讲再见，纵在两地一生也等你。"歌声第一次响起时，所有的主人公都在汾阳县城，正青春年少。影片末尾歌声再次响起时，他们天各一方，即将走完这一生，无限感慨尽在不言中。这一生，我们与不同的城市相见、相恋，用自己的人生，为梦里的山河谱写了诗篇。

　　山河依旧在，故人是否还在？

旧梦落南洋

　　珍宝海鲜舫曾经是香港的重要商业地标。这座停泊在港岛岸边的水上酒楼是香港高端餐饮界的代表。但在 2022 年，全球疫情使旅游业和餐饮业沉寂下来，珍宝海鲜舫于当年 3 月暂停营业。后因经营以及海事牌照期限问题，珍宝海鲜舫被迫在 6 月由拖船拖离香港，前往东南亚。航行途中，海鲜舫在南中国海域遇到风浪。6 月 20 日，中国香港仔饮食集团宣布海鲜舫已在西沙附近水域沉没。相比当时的国际大事与民生新闻，珍宝海鲜舫的沉没如同一叶扁舟没入浩瀚的大洋，并无太多的浪花。但这个新闻，却在我内心某个隐秘的角落不断回响，一些悲壮的、浪漫的、怀旧的情绪翻涌上来，宛如昨日重现。

　　舫是中国园林中的重要构成元素，在我国各地、各年代的园林里广泛分布。园林史学家童寯先生在《江南园林志》中为其下了定义："舫者，形与舟类，筑于水滨，往往一部高起，有若楼船，为园林中最富兴趣之建筑物，或称为舸，亦曰不系舟。"舫是驻足观赏水景的空间，并具备宴客、品茗等功能，更有着文化上的独特意境。它既代表了造园文人对于蓬莱仙境的向往，也体现了江南园林文化中"渔隐"的意趣。在舫的壶中天地，享"泛若不系之舟，虚而敖游者也"的诗意，品庄子的"虚己以游世"的意境。但珍宝海鲜舫，虽有"舫"之名却无"舫"之实：它作为一艘真实的船停靠岸边，与园林中石头修建的静止的舫全然不同，让我们看到了一艘真船去模仿假船（舫）的景象。这个逻辑上的悖论，有如庄周梦蝶般虚实嵌套。何为真实？或许只有当船或舫没于水下时，才能以一种彻底的虚无姿态给世人呈现答案：真实仅存于想象之中。

船是在水面上移动的建筑，而船的建造方式要比陆上的建筑物更为复杂。从工程学上讲，珍宝海鲜舫这样的餐饮大船，雕梁画栋、构件繁复，或许本就不适合出海远航。甫一建造，日后的悲剧便已蕴藏于命运之中。海鲜舫的英文名叫 floating restaurant，流动的餐厅，流动的盛宴，从中或许可解读出无常之意。从出身来讲，珍宝海鲜舫本就属于都市，而非海洋，岸边才是它的归宿。美丽的花蝴蝶终究飞不过沧海。

珠三角常见的海鲜舫，起源于水上渔民（疍民）的歌堂船（又称"歌堂趸"），即水上酒家。渔民们的婚丧嫁娶、宴席摆酒都在这里展开，喜怒哀乐的记忆都浓缩于此。在香港曾经为数众多的海鲜舫中，珍宝海鲜舫是其中翘楚。珍宝海鲜舫为何鸿燊家族所有，于1978年正式运营。该海鲜舫一度是世界上最大的海上餐厅，面积达四千多平方米，可容纳超过两千名宾客。船上有三层食肆，有九层楼房高。全船以龙为主题，为明代宫殿的风格。船舱内雕龙画凤，富丽堂皇。船上有"龙楼""凤阁""金銮殿"等，一把龙椅更是吸引了许多名人雅士。船舫门口是两条巨型金龙雕塑，正门处是"九龙吐珠"，九个金色龙头竞相吐出水柱。二楼则是由意大利艺术家以明代《入跸图》为灵感来源创作的壁画《衣锦荣归图》，由马赛克镶嵌而成，金碧辉煌。

这样的餐厅自然价格不菲，一盘青菜就标价近两百元。菜品东西杂糅，避风塘炒蟹和法国鹅肝可以很自然地出现在同一桌上。按照香港历史学者赵善轩的说法，珍宝海鲜舫体现了香港的中西文化交汇之特征："它的建筑，里面的壁画、茶具、龙椅座位，都是传统中国文化特色，但它的餐点与设计，许多都为迎合西方游客对于东方的猎奇印象。" 作为高端的商务宴请场所，许多中外名人都曾造访这里。珍宝海鲜舫见证了港岛无数的名流逸事、豪门传奇和商战风云。

夜幕下海鲜舫那五光十色的招牌让人印象深刻。红色的繁体

"珍寶"和绿色的"JUMBO"的霓虹灯牌彻夜闪烁，水面上的彩纹倒影随着水波不断荡漾，这个场景出现在许多香港影视剧中，深入人心。和香港诸多文化地标一样，珍宝海鲜舫同样是西方殖民者的遗存，代表了西方对东方刻板又猎奇的文化想象。这样的审美印象根深蒂固，这种幻想也并不高尚，就像是香港的苏西黄、日本的蝴蝶夫人——身着华丽服饰的东方女性拜倒在当时拥有文化强权的西方男性面前。在旧上海尘封于历史之后，香港一度成为欧美嬉皮士的乐园。这座城市曾经既是东西方的拼贴对象，又处在一个文化上的边缘地位。珍宝海鲜舫，既是移动的餐厅，也是重要的都市景观，这种机动化的城市景观体现了香港地缘社会异域化（de-territorializing）的特征。作为全球资本与信息的中枢之一，整个城市由全球化加持下的资本堆砌出紧凑、无序、混乱、杂糅的文化景观。而海鲜舫这样的商业场所更是基于消费主义营造的一个"歹托邦"[1]。

在香港的殖民叙事终结之后，这样的文化景观依然在欧美有着广阔的市场。前些年，我曾在荷兰的阿姆斯特丹港口区见过一艘类似珍宝海鲜舫的船舶；在诗人叶芝的故乡——爱尔兰西部仅有几万人的小城斯莱戈，我也见过一个像船舫一样的陆上宫殿。并不意外

---

[1]Dystopia，或被称为"反乌托邦"，与乌托邦相反，是把未来描述为"邪恶新世界"的说法。

的是，这些人造物都是中餐馆。与其说它们代表着文化的融合，不如说代表了西方对东方所持有的空洞、浅薄、怪诞、保守残缺的想象。和菜品的品质相比，海鲜舫所代表的东方情调更为重要。约翰霍普金斯大学的孔诰烽教授就把珍宝海鲜舫称为"只是专门为那些寻求尴尬异国情调的无知游客提供高价但质量低的食物"的地方。

与先前已经消失的九龙城寨一样，珍宝海鲜舫也是香港这个世界级赛博朋克都市时光链上的重要一环。在中西方不对等的文化交流中，"山寨"的设计，以一种跨尺度的构图方式生成了另类的文化遗产。这种文化上的异趣，是香港这座城市文化基因的一部分，也形成了城市的集体记忆。在珍宝海鲜舫被拖离港岛之时，很多市民自发去送别这艘船。赌王的女儿何超仪特地在社交媒体上发文："再见珍宝，我的童年记忆，希望有缘再见。"到了年底，荃湾如心广场举办了"小香港·大节日"微型艺术展，微缩复刻了香港的许多城市地标模型，包括中环兰桂坊、石板街、西环码头等。珍宝海鲜舫也位列其中，只是它的实体此刻已不复存在，成为只存于记忆里的非物质文化遗产。

因其形象鲜明，珍宝海鲜舫是许多香港和国外电影的取景地，其中最著名的恐怕是《食神》。电影里，周星驰扮演的史提芬周在这里与唐牛进行厨艺比赛，最终凭借一碗"黯然销魂饭"重夺"食神"的称号；在电影《无间道2》里，盛大的回归晚宴在这里举办；

日本的怪兽电影《哥斯拉》、好莱坞的《007 之金枪人》也都曾在这里取景。珍宝海鲜舫是香港这座灯红酒绿、光怪陆离的城市中的微缩舞台。

从更宏观的地域视角来看，海鲜舫是南洋文化的一部分。地理意义上的南洋，覆盖从中国广东、福建、海南、台湾地区，到马来西亚、新加坡、泰国等东南亚国家的大片区域。炎热的四季、潮湿的季风、略带腥味的空气、变幻莫测的风浪，构成了南方海洋的意象。更重要的是，这里孕育着一种流动性与向外开放性。如今东南亚数千万华人，大部分是下南洋的闽粤两省人的后裔。波利尼西亚人也从这里远航，几百年间，南洋居民便散布于整个太平洋。而在疫情期间，一座漂移的东方园林，从东西文化交汇处的港岛出发，开启了驶向南洋深处的奇幻之旅，其最终的目的地是位于中南半岛的柬埔寨。这个东西方的混血儿，脱离了都市文明的领地，在未知的海域之上漂浮。

在香港，一直停在岸边的珍宝海鲜舫是一座恢宏的大酒楼。而在茫茫无际的南中国海上，它只是一芥轻舟，咫尺风波即为巨大挑战。尽管我们都不在现场，但可以放开想象：在盛夏的夕阳下，温热的大浪翻涌，富丽堂皇的小船在波涛中渐渐倾覆，如同海上落日般缓缓没入水中。摆满海鲜大餐的桌子，逐步与海水肌肤相亲，又被其迅疾吞噬。咸腥的海水翻涌出连串的泡沫。鱼虾在大堂的铜帘、龙柜间穿梭。曾出现在各个电影里的场景——第二十八届超级食神大赛的锦标、回归晚宴上熙熙攘攘的人流、哥斯拉的啸叫声和007的枪声，一并没入海底。在并不算漫长的下沉过程中，餐具、壁画和龙椅，被海水慢慢吞噬，有些破碎，有些则消失不见。荣耀、名誉、财富、好运与厄运，此刻一并坠入深海。在千米深的海底，底栖生物们对此已司空见惯。它和无数因风暴和战争沉入海底的沉船一样，成为人类文明在此处的又一块墓碑。深海贻贝、海参、管虫和海葵各安其位，默默地看着这些海面上的来客浮华散尽。一切都慢慢地沉降，融入无边的静谧。时间的游魂最终于此留下骸骨，等待下一次海底洋流的翻涌。

在这个过程中，人造物和自然物都"回归"大海，成为海洋的一部分。珍宝海鲜舫素以本地新鲜食材闻名，船舱里有名为"观鱼水榭"的巨型海鲜池，饲养了六十余种生猛海鲜，供食客享用。从海鲜舫的菜单来看，可能来自南中国海海域的海鲜包括鲍鱼、红斑、老虎斑、龙虾等。这艘船上的海鲜食材，可能从未料到它们会以这种方式回归故里。

这让我想到叶芝《驶向拜占庭》中的诗句：

　　鱼的瀑布，青花鱼充塞的大海，
　　鱼、兽或鸟，一整个夏天在赞扬

凡是诞生和死亡的一切存在。

沉溺于那感官的音乐，个个都疏忽

万古长青的理性的纪念物。[1]

最终尘归尘，土归土。芥子纳须弥。

珍宝海鲜舫是一座移动的园林或是城堡，也可以看作是香港城的一片土地。从这艘船离开香港开始，这座城市的一部分已经开始游离、瓦解，把身体的一部分让渡于大海。珍宝海鲜舫也是东西方关系的一个缩影。它像百年前的泰坦尼克号那样，体现着一个时代的特征，也象征着一个时代的结束，一代人对于流光溢彩的香港的记忆随之而去。怀旧的滤镜中，逝去的事物往往美丽，只因更多的情绪于此酝酿。随着珍宝海鲜舫沉没的，是东方与西方、海洋与大陆、过往与现实等诸多复杂的纠葛。舞榭歌台，风流总被雨打风吹去，与其苟延残喘，不如就此作别。从此，记忆只在旧梦之中。

[1] 本处引用译文由查良铮翻译。

第二章 小地方

在梦中的城市里，他正值青春，而到达依西多拉城时，他已年老，广场上有一堵墙，老人们倚坐在那里看着过往的年轻人，他和这些老人并坐在一起。当初的欲望已是记忆。

——伊塔洛·卡尔维诺《看不见的城市》

小地方

如果不是因为要开展业务，我可能和很多人一样，一辈子也不会和这个极不知名的小县城产生交集。小县城位于河北、内蒙古和东北交界处，在历史上处于胡汉交融处，远离华夏文明腹地，没有特别的名胜古迹。当然，五千年的文明古国的任何一个小地方，只要仔细挖掘，总能找出丰富的历史文化。不过，在如今这个喧嚣的都市时代，一线或新一线城市成为明星，无数的小地方有如群众演员，难以引人关注。

第一次前往这里是去办一些商务手续。坐着绿皮火车，三百多千米的距离要走上五个小时。临近过年。火车一开动，列车服务员就推着小车吆喝起了"啤酒饮料矿泉水，花生瓜子八宝粥"，好似在念一副对联，年味十足。我旁边坐着两位老太太，一位摩登，一位朴实。两个人不经意间对上了话，发现对方和自己一样，都是到北京帮子女带孩子，便很快热络起来。她们一个数落儿媳妇不会照顾孩子，另一个则数落姑爷赚钱太少养家无能。如果这两人是亲家，那眼前就是一个大型悲剧现场，但由于彼此素不相识，顿时悲剧转变为喜剧。最后她们在"现在的年轻人根本不会过日子"这个论断上达成了高度一致。在人际关系上，真是距离产生美。

伴随着火车震动的节奏，辅以邻座嗑瓜子的声响，我慢慢进入了梦乡。一觉醒来，火车正好到站。揉揉双眼，走出车站，映入眼帘的是个典型的县城车站广场。如今的城市变得越来越同质化，这一点在县城表现得最为显著。我眼前的这个小地方，也是千千万万个小地方之一。随着人流走出车站，一路上许多司机从各种各样的车中探出头来，喊道："哎哎哎，去秦皇岛，去赤峰，去葫芦岛不？"路边招待所也纷纷涌出中年女子打招呼："大哥，住宿不？一百块钱一天，干净有暖气。来的话，再给你便宜。"而一些旅馆门口有若干年轻女子，烫发、红唇、短裙、黑丝，向路人抛出暧昧的笑容。我无意为这些高度同质化的服务业创造产值，只是按照手机导航指引，径直上了一辆公交车。从起始站到终点共十五站，路线横跨新老城区，一路看过去，对整个县城的发展基本了然于胸。路边的店铺尽是汽配、建材、农产品加工、饭馆、旅店，现有的产业几乎全部显现。按照我平日里给政府做规划的思路，现有产业大可分门别类地向汽车制造、新材料、生物医药、现代服务业升级，接着进行产业链延伸、土地开发、设施配套、招商引资、园区运营……具有小地方特色而又高端的产业体系呼之欲出。

来到新城区，摸到某部门的办公楼。找到了科室，提交材料，准备办手续，结果不同的部门间却踢起了皮球。只好从一个部门跑到另一个部门，从一栋大楼跑到另一栋大楼。几个地方并不相邻，没想到这个小地方的新城区，也用巨大的空间尺度来展现发展的雄心。于是叫了辆出租车，在几个地方间来回穿梭。每次当我以为即将收尾时，就被要求去另一个地方办理另一个环节的手续。而每当我走出大门，出租车司机总是停在大院门口，似乎能未卜先知。"我猜你还得回去的。"他抽了口烟，冲着我微微一笑。

"你是第一次来我们这小地方吧？"司机问。我说我是从北京来办事的。他感叹道："北京，大城市啊。"随后跟我唠叨起来，说他以前在这里国营的耐火材料厂工作，后来企业效益不好，他便买断工龄走人。他在社会上尝试过各种营生，最后选择了跑出租。问他效益咋样，他说因为是小地方，打车的人不多，只能将就着过日子。"我年轻时候去北京打过工，那是个花花世界，后来还是回来了。大城市，整不明白。"

他的这句话，让我猛地想起单位的司机老付。说起老付的家乡，离这个小地方也不远。老付年轻时在家乡当过矿工，后来也做生意，开了个饭店，被当地混混给砸了。老付总是一脸苦大仇深，口头禅就是"整不明白"："北京太大了，整不明白，不如二锅头明白"，"在外也干了十几年了，还是整不明白"，"马上就奔四了，这辈子还是啥都整不明白"。老付生于1980年，但脸上写满沧桑，胡子里长满故事。刚认识时，他总是嬉皮笑脸，试图插科打诨，但总是在尴尬的气氛中收场。不知道是不是意识到和年轻人并无太多共同语言，后来他的话越来越少，总皱着眉头，一口一口地抽着烟，让人感觉到无形的沉重。他常给我们讲他当年在老家开饭店的事，说迟早要回去收拾那帮混混。后来他在北京当司机好多年，为了省钱住群租房，很少回家乡。他的女儿现在都要上高中了，却没见过他几面。他换了智能手机后，学会了用微信，加女儿为好友，可女儿对他不理不睬，连朋友圈也不让他看。"整不明白，真是整不明白。"他总是提到他的女儿，然后又摇摇头。

"再拉两趟就回去了。整天瞎忙，都是为了孩子嘛。"司机对着手机上的微信群发了一段语音，打断了我关于老付的回想。很快微信群里有人回复了语音："好，好，一切为了孩子，为了孩子的一切。"司机问我的个人情况，多大了，有对象没，有孩子没。我突然觉得他和老付一样，都有着"小地方"式的简单，而我们的城市太过复杂，让人愈发"整不明白"。他们会如何看待大城市里的空巢青年和丁克？他们会关心大数据、区块链和元宇宙吗？他们会关注路易威登、爱马仕、普拉达吗？他们会考虑学区房、阶层固化和职场焦虑吗？他们研究投资、网络借贷和比特币吗？如果我在这里生活居住，会怎样度过此生，是否也会像他们一样？那是好还是不好？此时我才发现，有些问题是不能深想的。想得越多，越整不明白。

办完事后，我和司机道别。听从他的建议，去这里的一条仿古街逛了逛。小城虽小，却五脏俱全，和全国各地的城市一样，都有一片崭新的新区，一个看上去是那么回事的中央商务区，一个大得不着边际的广场，一个只剩下人工雕琢痕迹的滨水公园。这个县城把商业步行街和仿古街区二合一规划，形成了这条仿古商业步行街。或许称这里为美食街更合适——大半店铺经营的是各种小吃，麻辣烫、涮牛肚、小龙虾、铁板鱿鱼、长沙臭豆腐……似乎是遵循全国统一的美食街小吃目录安排的。美食家们会对这样毫无特色的食品嗤之以鼻，但阻挡不了当地的男男女女们在这里大快朵颐。

几位中老年妇女拿着新款的单反相机畅游古街，互相拍照，又掏出手机来集体自拍。她们最喜欢的拍照姿势是站在街道中央，举着红色的丝巾，人和丝巾一起随风摇摆。"再站直一点，哎，再往左一点，别动，一、二、三，好嘞。"同行的摄影师半蹲着拍照，摆拍的阿姨们一身红装，面容喜庆，不禁让人赞叹最美不过夕阳红，温馨又从容。

从仿古一条街步行回到火车站。上车的时候，发现从这里去北京的乘客，看上去平均年龄要比从北京来这里的乘客小上二十岁左右，差不多有一代人的差距。大城市对小地方年轻人的虹吸效应显而易见。排队进站的人里，至少有十来个青年男子装束类似：板寸头、金链子、小脚裤、豆豆鞋，清一色快手网红打扮。相比之下，姑娘们的打扮显得时尚且多样，和大城市差别不大。她们的头发颜色万紫千红，各不相同，唯一的相同点是雪白的脸和烈焰红唇，恍惚中让人以为这是某偶像团体的选秀现场。说来我也来自小地方，生活中也遇到过无数来自小地方的人。大城市与小地方的关系，如同孩子与父母的关系。青春期的孩子，对父母多是嫌弃、抵触的，认为自己将拥有与父母辈全然不同的人生。等他们长大后，会发现身上已经不可逆地留下了父母的烙印，变成了自己曾经不以为然的人的模样。所有的人，所有的地方，似乎变得都一样。

进站后，发现这里颇似贾樟柯的电影《站台》中的小站，像是停留在旧时光里。背着大包小包的人已经准备回家过年。站台上有几个川渝口音的人在讨论先到北京、再转车回家的交通方案。从他们的对话中隐约听出，过完年他们可能就不会再回到这里做生意了。北方的冬天天黑得早，站台上等车的人群很快就隐没于昏暗之中。铁轨在昏暗中闪耀着白色的光芒，明亮又纯粹，钢铁身躯展现出少有的柔和。数条平行的铁轨笔直地延伸向前，至远方渐渐变成曲线，

小站站台

好似乐谱，继而消失在绛紫的天际。远处的青山似有似无，隐约难辨。一阵微风吹过，人们下意识地缩紧了脖子。这时阵阵汽笛声由远及近传来，在残存的夕阳的余晖中，火车停到跟前。

第二次来这里是第二年初春，我来做项目调研。这次是好几个人一起搭乘老付的车前来。老付戴着墨镜，一路上沉默不语。刚过完年，面对新的一年中数不尽的事情，他只能以沉默来抵御"整不明白"的压力。

从北京到此地开车只需三个小时，同行的还有两个刚毕业的设计师小姑娘。她俩带着两大包零食，边吃边看着手机说笑，像是去春游。我瞟了一眼她们手机上的视频，是日本电影《被嫌弃的松子的一生》。屏幕一闪，现出"生而为人，我很抱歉"几个字。不知怎么，我突然想起上次在这个县城遇到的那个司机，想起老付，也想起其他很多人。我点开手机，看起了《中国在梁庄》的作者梁鸿的访谈。这位北京著名高校的教授，在暑假回到自己的故乡梁庄，记录下当地人的日常生活与人生际遇。在视频中，她这样说道："你会看到人非常地痛苦，一生中与子女搏斗，与爱人搏斗，与生活搏斗的一个人，为什么最后他没有获得什么呢？"

我的思绪时不时被旁边两个小姑娘银铃般的笑声打断。她们从小生长在北京，但父母都是外地人，因此她们也是"大城市化"的产物。她们在那座大城市度过青少年时期，随后奔赴欧美留学。其中一个人毕业于哈佛设计学院，那里是景观都市主义的大本营。该学派认为，景观应当取代建筑，成为当今城市最基本的组成部分，整个城市应当是一个集合了基础设施与文化的生态系统。那么她们是否理解小地方的这些文化与心理？她们会在这里设计一个代表小镇青年审美的广场，还是一个"高大上"又国际范儿的休闲公园，抑或绝对美学意义上的乌托邦呢？"整不明白"，老付的四字口头禅再次浮现在我脑海里。这两个景观设计师并不比我小太多，但完全没有我幼年时物资匮乏和紧巴巴生活的经历。她们充满松弛感，没有愁苦的记忆，更国际化，看上去似乎是按照完美的人生模板生长的。

不知不觉中，车已经接近小城。县城郊外，有大片废弃的挖沙场，如今遍布坑塘，被野生的芦苇覆盖。新开发的高楼，密密麻麻地撑起了天际线。远眺过去，城市好似从无边的芦苇荡中拔地而起，在灰雾中浮游，好似海市蜃楼。随着造城机器的开动，灰蒙蒙的城市与枯黄的芦苇或许终将融为一体。我想起《疯狂的石头》中的台词："每当我从这个角度看这个城市的时候，我就强烈地感觉到，城市是母体，而我们是生活在她的子宫里面……"作为城市的孩子，我不知道我们是否真实地考虑过母体的感受。我们在规划图纸上痛快地挥毫泼墨，马克笔在硫酸纸上轻轻划过，路网、地块、街区和广场便被生成。随后挖掘机带着施工队，造城机器开足马力，大地上万马奔腾。空气中的雾霾与黄沙交织，和干枯的芦苇丛一起，共同为世界涂上了淡黄的底色。大工业文明制造了如今的城市。一个又一个的小地方，在不停地重复着类似的故事。

早春二月，野外还有许多积雪，在芦苇丛的坑塘之中若隐若现。车停在了一个坑塘旁边。雪如天使柔软的双手，抚平了大地的伤痕，覆盖坑坑洼洼的土地、生锈的工程机械和堆积的建筑垃圾。积雪依旧洁白，雪堆展现出优美的曲线，精致，幽静，寂寥。原野上空无一人，整个世界都沉寂下来。

"好美啊！"那两个设计师小姑娘，好像发现了一个新世界。车还没停稳，她们就跳了下来，径直来到坑塘边。只见她们举起最新款的苹果手机，以雪堆和芦苇为背景，微笑着自拍了起来。

去『二连』

距离飞机起飞还有一小时，出租车堵在五环上，动弹不得。手机地图上的实时交通图显示这条路全程深红色。司机面无表情地看着窗外。车载广播播放着北京交通台的节目《一路畅通》，印象里每次在出租车上听到这个节目时，道路都是拥堵不堪。

我的蒙古国之行的第一站是我国边境城市二连浩特。我计划从北京坐飞机到二连浩特，再从那里继续飞到蒙古国首都乌兰巴托。每一次旅行，都像是对庸常生活的一次逃离。但这次旅行一开始就很不顺利，好像影视剧里的越狱情节：刚逃出监狱的囚犯，甚至还没享受自由的呼吸，就发现警车已经追了上来。看着前面一眼望不到头的车队，我感到窒息和绝望。

一个小时后，在登机即将结束时，我来到了候机室。生活就是这样，总是在压迫着你，在你想要放弃时，再突然扔给你几颗糖。"是去二连的吗？赶紧上摆渡车。"工作人员对我说。二连浩特，尽管没去过，但这个名字我却非常熟悉。当年做内蒙古城镇体系规划时，我把自治区的口岸城镇研究了个遍。一个个口岸，在地图上像大小不一的珍珠，散布在四千多千米漫长的边境线上，由边境公路连成一条项链。二连浩特，就是其中最大的一颗珍珠。它是个历史悠久的贸易口岸。一百多年前，著名的万里茶道，最重要的一段是从张家口到今日蒙古国乌兰巴托的张库大道。当时被称为伊林的二连浩特，是张库大道中段重要的中转站。万里茶道最兴旺时，无数赶着骆驼的晋商，带着茶叶、丝绸、瓷器，从内地来到这个草原驿站，稍事休整后再一路穿过大漠、草原和茫茫森林，最终到达欧洲的圣彼得堡。在当时，走西口的晋商到二连浩特，至少要花上半月工夫。而如今乘飞机只需一个小时，历史的时空，被科技高度压缩。

　　航班上的乘客大部分是蒙古国来华的商人和游客。在登机的摆渡车上，我就开始感受到蒙古的气息。一个膀大腰圆的中年男子，穿着 T 恤，露出带有苍狼文身的粗壮胳臂，在周遭穿着大衣的旅客中格外显眼。另一个小伙则打扮时尚，着黑衣、紧身皮裤，打着耳钉，复古的背头油光可鉴，气质颇似火爆亚洲的韩国歌手权志龙，而他白皙的皮肤和浅蓝色的眼睛让人不由得怀疑他是混血。后来在蒙古国见过一些黄头发的小孩，才了解到北亚基因的多样性。还有几个蒙古国姑娘在说笑，好像是留学生，但是妆容看起来明显比国内的同龄女生更为成熟，小女生几个字显然不在她们的词典之中。北方那个神秘国度的气息，通过人的细节散发开来。

一个小时后，飞机降落在二连浩特。在跑道上滑行时，飞机先是向左倾斜，接着又向右倾，好似蒙古骑兵在左右开弓。乘客们在剧烈晃动中保持平静，不知是不是因为他们的游牧基因。透过舷窗看到塞乌苏机场几个字，这名字一下子就把人拉入历史之中。

二连浩特历史上为北方各部落游牧之地。在元代，这里逐渐成为连通大漠南北的驿站，蒙古大汗蒙哥曾在这里的玉龙栈与其弟忽必烈会面。元朝灭亡后，这里被北元置于察哈尔部苏尼特部落（鄂托克），清代又隶属于苏尼特右旗。嘉庆年间，伊林驿站于此设置。光绪年间张库大道上架设了电话线，又开设了电报局，并首次在地图上以"二连"的名字出现。民国时期，"二连"作为张库大道上的重要站点被称为"滂北"。城市也被叫作"额仁"，是因二连盐池"额仁达布散淖尔"而得名。"额仁"有海市蜃楼的意思，而"二连浩特"在蒙古语中的意思是"斑斓的城市"。这个名字不知道是不是来自牧人在戈壁滩上产生的浪漫想象，它与北方边境的苍凉产生了奇妙的对比。

去蒙古国之前，我在网上联系旅社安排晚上的接机，邮件里我特意用了更加国际化的名字 Erenhot 来称呼这座城市。而对方则在回复我的邮件里把它写作汉语拼音 Erlian。我们各自在漠南和漠北遥望，谨慎地从细节中揣测彼此。

从飞机上下来进入航站楼，就看到更衣室。这里的温度比北京至少低十摄氏度，蒙古国的旅客们纷纷换上皮草大衣。随后我被机场大巴带到市中心。刚过十点，整个城市就已彻底被夜色吞噬。北地的朔风呼啸，黑暗中的冷空气更加刺骨。大路上汽车很少，人行道上更是没有人。路边的店铺早已关门，就连因边贸而兴起的行业——足浴房也已打烊。一个小时前我所在的北京还是仲秋，此时的二连浩特已近凛冬。我拖着箱子，踩着遍地的落叶，幻想自己前世是汉地前往匈奴的使者，凛冽的风吹在脸上对我进行着考验。

在旅店旁边找到一个仍在营业的小卖部，里面一位满脸皱纹的老太太问我从哪里来。得知我来自北京后，她告诉我她老家在离那里不远的张家口，"张家口的风可大咧。"对此我深表赞同。我随即问她的身世，她说："五八年来的，一家逃荒一路往北就到了这儿。那时候我还是小孩，只记得家门口有两棵杨树。""回去过吗？""再也没回去过。"人不过是飘摇在风中的一片落叶。

冷清的旅馆里只有我和老板娘两个人。要不是因为我的突然闯入，在前台搭了床铺的她可能早已入眠。"一天六十，如果第二天白天歇息大半天，再算三十。"得知我要在第二天晚上离开，她给我提供了人性化的价格。

进入客房，我躺在床上翻看《孤独星球》系列图书中的《内蒙古》和《蒙古》两本旅行指南，做着明天跨境的准备。手机播放着旅行指南中推荐的杭盖乐队的歌曲《酒歌》。这首歌曲调轻快，歌词让人在寒夜有了些许暖意："浓浓烈烈的奶酒啊，蜷在瓶里的小绵羊。兄弟朋友们痛饮吧，灌进肚里的大老虎。我们的歌声美，嘿！干了这一杯，嘿！千万别喝醉。"

北风呼啸着敲打玻璃窗，旅人在床上昏昏睡去。

第二天起来简单逛了逛这座边塞小城。这是座典型的因贸易而兴起的城市，商店招牌都标着三种文字。除汉语外，用西里尔字母拼写的新蒙古文字和源自藏文的老蒙古文字相映成趣。蒙古国客商和我国蒙古族人能聊天沟通，但已然看不懂对方的文字了。城市的风貌有点像二三十年前的北京：路阔人少，大街两侧尽是方盒子样的建筑。和许多北方城市一样，这里的道路格局也是直来直去的方格网，在草原上漫无边际地摊开。在北方一望无垠的原野上，没有理由像南方那样把路网扭曲得分不清东南西北。而边远地区更高的人均用地指标，让这里的城市显得更加空旷，任由来自蒙古高原的冷空气横冲直撞。

我找到一家打着库伦荞面招牌的小馆子，面条八块一碗，差不多是北京类似饭馆价格的一半。此前我去过内蒙古的兴安盟，那边的人文特点偏向于东北，而这里则是山西文化的地界。本地汉语方言属于晋语，饮食特色也与山西相近。这应归功于晋商和走西口的晋北移民。我特意点了最具本地特色的荞面，吃起来却没有想象中美味。作为粗粮的荞麦在饥饿的岁月里是白面的替代品，吃起来略硬，有点涩，口感像是面条里掺杂着小沙粒，满嘴都是塞外的艰苦。

饭馆里播放着老歌《最浪漫的事》，那个似乎只唱过这一支成名曲的歌手，反复哼唱"我能想到最浪漫的事，就是和你一起慢慢变老"。在我看来，这更像是写给留守小城市的人的情歌。小城远离北上广的喧嚣，五年，十年，或许都没什么大变化。一直固守这里的人们，用一辈子的时光，厮守着岁月的绵长。

饭后，我向老板打听了一下附近的裁缝店，带着掉了扣子的衣服前去缝补。这是我的一种爱好，每到一个陌生地方，就试着像当地人那样生活。城市不大，多数地方步行可达。大路两侧都是对外贸易的商店，本地居民的日常生活隐藏在支路和小巷子之中。出了背街小巷的裁缝店，我又到一家银行换钱，结果柜员竟然说今天没有外币。就在我惊讶之时，银行保安说："你去市场换吧，随便找个人都能换。"我表示怀疑，他摇了摇头："这钱太不常见，没人造这个假。"

我在地图上定位了本地最大的外贸批发市场——温州市场，便动身前往。走过几条小街，首先来到的是市中心的恐龙文化广场。巨大、空旷的广场，中央竖起国旗杆，两侧有对称的柱子，如天安门广场一般庄重。广场后面是有着各种恐龙雕塑的花园。二连浩特是少见的以恐龙来打造品牌的城市。20世纪20年代，美国科考队在这里的戈壁滩依伦诺尔发现大量恐龙化石，这个边陲小城从此名扬世界。作为亚洲最早发现恐龙化石的地区，这里被称为"恐龙之乡"，二连盆地白垩纪恐龙国家地质公园也成为这座城市最著名的旅游景点。这里的原野是巨大的恐龙化石墓地，无数的恐龙化石被埋藏于这座城市之下。在城市主干路恐龙大道上行走时，不知道下面的霸王龙们是否能感受到我们的脚步？

"你从哪里来？乌兰巴托吗？"一个留着板寸、戴着墨镜的青年，骑着电动车瞬间出现在我面前。我很诧异竟然有人把我当作蒙古国人，当我告诉他我是国内游客后，他告诉我本地的规矩："在二连，睡觉时要找一根红色的绳子系在手腕上，否则你会丢掉灵魂。"他手朝上指了指天空，好像示意我的灵魂会飞上天，随后骑着电动车呼啸而去，如同片刻前呼啸而来时一样迅疾。这一幕出现得非常突然，没有留下任何影像记录，让我觉得似乎是梦。再看看身边的恐龙雕塑，更是觉得魔幻。

穿过恐龙文化广场，马路上的吉普车不断跃入眼帘。蒙古国各地的人都开着这种苏联时代的嘎斯吉普，穿过草原和戈壁，来到这个最大的中国和蒙古国通商口岸扫货，温州市场门口像是在举办大型老爷吉普车展。蒙古国人的身影不断出现，男男女女似乎都不怕冷，在风中露着臂膀。每辆吉普车都被装得满满的，货品几乎快要掉下来。这场景让人联想到千百年前草原民族和汉族间的互市贸易。草原上自古生活物资匮乏，战争时期游牧民族骑着战马南下掠夺，和平时期则到边塞进行交易。游牧民族的抢购之物，从历史上的银器、丝绸，变为如今江浙粤生产的服装、玩具和电子产品。而之前在长城一带的边贸之地，也北移到了千里之外的二连浩特。

刚进入市场，一位高大粗壮的蒙古国大妈就迎面走上来，用不熟练的中文问我："蒙古钱？"在我表示了肯定后，她说按照汇率170交易，这个价比银行要好不少。我换了几百块人民币的蒙古图格里克，瞬间膨胀为万元户。大妈的语言有些生硬，递钱给我的手又粗又大。之后几天我到了蒙古国，见到了很多这样壮硕的女人，在乌兰巴托，在哈拉和林，在路过的小镇，她们都有着孔武有力的双手和健美的胳膊。

航班是夜里起飞，下午还有半天空闲，我便打车去了市区最著名的景点——二连浩特口岸。口岸如今也成了"口岸文化景区"，我只在门口逛了逛，虽然售票处大爷一个劲招呼，最终还是没有买票进去。景区门口的路两边竖立起倒"L"形的立柱，组成方正的

蒙古国客商来二连浩特采购，把老式苏联嘎斯吉普装得满满当当

大门。从外往里看，层层大门嵌套，直至消失在视野尽头。

如今二连浩特已经是全国最大、功能最齐全的对蒙口岸。官方给予这个口岸城市极高的定位："努力地深度融入'一带一路'建设……争取把二连浩特市建成向北开放的黄金桥头堡、中蒙俄经济走廊的区域性国际物流枢纽、沿边经济带的重要增长极、特色鲜明的现代化口岸城市和富民安边睦邻的示范口岸。"

"来这儿的蒙古国人可多了。每天光进来的吉普车就有上千辆。"出租车司机告诉我，"还有很多人来这儿的医院看病，中小学生来这儿上学。"而游客们则把这里作为前往蒙古国的大本营，许多人来到这里乘坐国际列车前往乌兰巴托，有的会继续前往俄罗斯的乌兰乌德和伊尔库茨克去参观贝加尔湖。商人（倒爷）们则一路乘坐火车穿越西伯利亚大铁路，最终到达欧洲腹地的汉堡。铁路上的钢铁洪流取代了当年晋商的驼队，人们的心也越飘越远，越过万水千山。铁路两侧尽是无边的原野，天地荒凉，边塞苍茫，让身处此地的人真切感受到王维在《使至塞上》中描写的"大漠孤烟直，长河落日圆"之景象。这句诗后面是"萧关逢候骑，都护在燕然"。"燕然"，即是蒙古国腹地的杭爱山。

谢绝了要送我回去的出租车司机，我独自步行回旅馆。这段路有好几千米，我穿过了北疆街、罕乌拉街、欧亚大街、察哈尔街，算是做了一次穿越欧亚大陆的迷你旅行。秋风中的马路上空无一人，只有清洁工在清扫落叶。路两边的建筑是 20 世纪七八十年代甚至五六十年代的风格，时光仿佛在此静止。大抵北方的孩子们，都有这样的童年记忆：宽阔又空荡的马路笔直向前，一眼看不到头。路上没有多少行人。深秋时节路上的一切都是那么清凉、静谧，安静得仿佛能装下整个世界。

晚上我来到市中心的候车室等待机场大巴。屋里除了我只有两对带着孩子的夫妻。其中一对是中年男子和少妇的组合。男人略微秃顶，女的面容姣好、风韵犹存。从他们的对话能听出这是一对中国汉族人和蒙古国人的夫妻组合。妻子举着手机，快速地讲着蒙古语，好似说唱一般——请原谅我不断提及这一点，因为每次听到有人用蒙古语对话时我都有跟着说唱的冲动。丈夫则在和朋友聊天，说自己不会蒙古语，也不大愿意去学。他解释道："和蒙古人做生意，会蒙古话，也好也不好。好的地方是交流方便，不好的地方是他们说话怕你听懂，对你也有所提防。"两个人于是一齐大笑起来。

这两家人是趁着国庆假期前往北京的，特别是要带孩子参观清华、北大，盼他们将来金榜题名。我常想，这两所已经沦为景点的学校，或许入学名额应该扩大到一亿，才能满足天下父母的期望。而孩子们则憧憬着故宫、长城和天安门，他们对这些耳熟能详的地名怀着浪漫的想象。而我脑海里的北京则是人山人海的场面和巨大的生活压力。我和孩子们近在咫尺，却拥有着两个完全不同的北京，我从那里逃离，他们的梦从那里开始。同一个地点，不同的世界，大城市和小城市互为镜像。我的思绪信马由缰：如果我没有留在北京，也可能会去二连浩特这样的小城市，和这两对夫妻一样，当个中学或小学老师，或者做个小买卖，过着不富裕但足够悠闲的小日子。时间会变得漫长，这意味着生命的延长还是缩短？或许我也会找一个蒙古族姑娘结婚生子，偶尔丢下家庭琐事，趁国庆假期带着家人去北京看升旗，参观清华、北大……孩子们在北京见识了大都市的繁华之后，会不会埋怨我当初没有把他们生在那里，让他们需要再通过二十年的奋斗获得北京户口？没有人知道这种假想问题的答案，就像没有人知道我在今晚的黑夜中会遇到什么。很难说哪种生活更好，但在人生的岔路口，微小的决定或许就决定了一生的轨迹。

机场大巴先接走了去北京的旅客，他们两家六口出门消失在黑暗里。我一个人坐在大厅里，想起蒙古国人对我们不友好的传闻，心头有些恐惧和焦虑，直到上了机场大巴，紧张的情绪仍未消散。整个机场大巴上只有我一个人，窗外无边的黑夜更加深了这种对未知的恐惧。快到机场的时候，路两边两只巨大的恐龙隐约出现在夜幕中，让人仿佛置身于侏罗纪公园。因为未知，所以恐惧。蒙古国是邻国，但我们对其知之甚少，便觉得神秘且遥远异常，正如古诗所言"心远地自偏"。不知千百年前出使匈奴的苏武，身处全然不了解的苦寒异域时内心是什么感受，会不会也是这样惴惴不安？

到了机场，我发现这班飞机上几乎没有中国旅客。在一众蒙古国乘客中，几个浓妆艳抹、打扮西化的妹子，热情洋溢地哈哈大笑着聊天。一个高大的蒙古国汉子和机场工作人员——一个本地的蒙古族人隔着隔离带在聊天。蒙古族分布地域广泛，而蒙古语则和汉语一样方言众多。被蒙古国视为标准的喀尔喀蒙古语，与二连浩特所在的锡林浩特盟的方言相近，两地人沟通无碍，这不得不说是一种缘分。但两人身下的隔离带似乎告诉大家他们属于两个国度，就像老蒙古文字和新蒙古文字一样差异巨大。

还没来得及系上安全带，螺旋桨小飞机就摇摇晃晃地起飞了，这尽显草原民族的彪悍，正如航空公司的名字匈奴航空一样。这飞机让我联想到林彪外逃时乘坐的三叉戟。旁边座位上一位经常往返蒙古国的中国客商告诉我，这些小飞机和三叉戟一样，也是 20 世纪 70 年代苏联制造的，这让我更感到巧合。我便顺手翻看手边关于林彪叛逃的书籍，刚好看到在他叛逃前，叶群问秘书蒙古国有什么大城市。秘书说："乌兰巴托、扎门乌德、赛因山达……"这三地和二连浩特在一条直线上。而林彪的飞机则坠在这条线上的温都尔汗，如今那座城市被命名为成吉思汗市。

小飞机飞得不高，从舷窗向外看，甚至能看到草原居民点星星点点的火光。牧羊人抬头仰望，是否会觉得我们是夜空中的一颗流星？由于飞机过于颠簸，我只好闭上眼睛，把一切历史云烟遗忘在梦里。半睡半醒之中，只感觉自己化身为夜色里的一只孤鸟，一路向北失魂落魄地飞去。

不知去向，不知所终。

世界永无尽头

在新疆阿克苏出差时，因一些突发状况需要在那儿多待一周。在我眼中阿克苏是一个繁华的大都市。作为地区首府，此处高楼林立，车水马龙，城市周边是人口密集的乡镇，和内地的大城市并无不同。"到远方去，到更荒野的地方去"，困守都市的我，内心总能听到这样的声音，就像《荒野的呼唤》中的野狼巴克。于是我决定出去走走。

问了一些当地人，大多推荐北边温宿县的天山神木园，或是南边阿瓦提县的刀郎部落旅游区。可惜，在我看来，那些人造景点里无论是树还是人，都是一种表演。我看着地图，目光停留在了阿克苏东南方向百千米外的阿拉尔。对阿拉尔产生兴趣，只因塔里木河和塔克拉玛干沙漠。

这或许是个人习惯使然。我从小喜欢地理，爱看地图册，常看着地图上的各个地名神游。后来去欧洲，我特意去了德国鲁尔区的若干小城市。当地人说中国游客很少出现在那里，问我因何而去。我说因为初中地理课的欧洲篇以德国鲁尔区做例子，我甚至记得鲁尔区城市群的结构。这种偏好很难言明，是一种很私人的旅行情结。

从地图上看，阿拉尔市四周皆为阿克苏下属的县，但它自己却不属于阿克苏地区。这座大漠边缘的小城，仿佛荒野中的一片飞地，让人产生无尽的想象。车出了阿克苏一路向南，窗外尽是一望无际的景物：一望无际的工业区，一望无际的荒原，一望无际的棉田……然后路标上的地名开始由乡镇变为团场，随着"塔河之源，西部枣都"广告牌的出现，车开始驶入阿拉尔市区。

阿拉尔在维吾尔语里是"绿色岛屿"的意思。这话不虚，它的确是一座由人在沙漠中造出来的绿洲，缔造者是新疆生产建设兵团农一师。而农一师的前身，则是三五九旅，即那支被《南泥湾》歌曲广为传唱的部队。作为西北野战军的王牌部队，军人们一路向西来到新疆，便再也没有回头。他们驻扎下来，垦田戍边，硬是在荒漠上创造了人进沙退的旷世奇迹。

这座军垦城市是个戈壁花园城。城市年轻，市容崭新，建市也只是这个世纪的事情。市区里高楼不多，略显空旷，但不荒凉。核心区是市政府以及南边一片广场。硕大的广场让人极为震撼，步行其中，顿感个体的渺小。广场两侧为军垦文化公园，有树荫、花丛和池塘，瞬间又把空间拉回人本尺度。广场的尽头是一座直入天际的纪念碑，与空旷的广场对比强烈。我迎着太阳的暴晒，一路走向纪念碑，最终看到上面的文字："生在井冈山，长在南泥湾，转战数万里，屯垦在天山"。那种穿越岁月的红色浪漫，在此刻又增加了几分厚重。几个维吾尔族小伙骑着摩托车来到广场，看到我拿着相机，便主动让我给他们拍照。我想和他们多聊一聊，可惜因语言而产生的距离让我们不得不告别。可见语言的巴别塔一直高耸入云。

走在城市中，看着"南泥湾大道""三五九旅大道"的路牌，我的耳边不由自主地响起《南泥湾》的曲调。小时候，母亲曾用燕舞牌音响播放磁带教我唱这首歌；后来在从瑞典前往芬兰的船上开放式的卡拉 OK 厅里，我和朋友们点了这首汉语歌，冲着全场的老外唱。每个人都有自己的私人乐库，记录的不是歌曲，而是自己经历过的岁月。

南疆城市最不缺少的就是日照。在太阳的直射下，你会明白为什么这里盛产瓜果。充足的日照会让植物充分进行光合作用，产生大量糖分。但暴晒会让人逐渐萎蔫，就像葡萄干一样。在这个城市，宽阔马路的两侧并不都有连续的树荫。我只好不断变换路线，来回横穿马路，只为那树荫下的凉意。一路跋涉，终于来到塔里木大学。

学校像是一座花园，眼前遍是绿荫植被，比较特别的是很多果树被当作景观树种栽种。正值暑假，校园里空无一人。无人采摘的果子落在地上，成为留校的鸟儿的盛宴。农一师不仅建造了阿拉尔这座城市，也为城市建造了一座大学。20 世纪 60 年代，把农一师带到这里的王震已经是国家农垦部部长，他亲笔题下了"塔里木农垦大学"的校名。有了大学，城市就有了青春。在青青校园里，有着一切属于读书年代的元素。你能在教学楼、食堂和宿舍楼下，再次感受到盛夏、青春、浪漫等字眼。两个女生从宿舍楼下走过，议论着这个大三暑假去哪里实习。大三，于我而言是多么遥远的字眼，那时一切皆有可能。

出了塔里木大学，向南便是塔里木桥。这是塔里木河上建的第一座桥，被当地人称作"老桥"，以便和后来修建的"二桥"和"三桥"相区别。上了桥，内心的地理情结按捺不住地浮上心头。塔里木河是全国第一大内流河，全长 2179 千米，由阿克苏河、叶尔羌河、和田河等汇合而成。由于其河床很不稳定，被称为"无缰的野马"。《汉书·西域传》中便有关于塔里木河的记叙：西域"南北有大山，中央有河……其河有二源，一出葱岭山，一出于阗，于阗在南山下，其河北流，与葱岭河合，东注蒲昌海"。"中央有河"，指的就是塔里木河。眼前的塔里木河水面开阔，河水浑浊，有滚滚黄河的气势。河漫滩上有胡杨林和灌木林，河边的芦苇荡随风摇摆。河中有一片小洲，上面躺着一根枯木，似乎是胡杨的树干。从桥上下到河边，想起罗素的文章"How to Grow Old"，把人的生命比作河流：开始是涓涓细流，尔后奔腾咆哮，随后河面渐渐开阔，最后水流平缓，汇入大海之中。个人就这样毫无痛苦地消失了。这是生命的历程，也是文明的宿命。

塔里木河很容易给人这种强烈的流逝感。内流河自有一种悲壮气质，这是它们的天然宿命。外流河最终的归宿是大海，那里是水的故土。但塔里木河这样的内流河则反向而行，不顾一切地冲向内陆的荒野，最终在沙漠中慢慢地全部蒸发。罗布泊是塔里木河的尾闾湖，河水流至罗布泊之后就逐渐消逝，一切归于沉寂，留下亘古的荒芜。这条长度仅次于长江、黄河和黑龙江的我国第四长河，蕴藏着独一无二的悲剧之美。你能在这条河面前感受到时间去往不可知处的虚无。河岸在戈壁滩上不断地变换，是大地给予河水苍凉的抚慰。雪山冰川消融的每一滴水在汇入这条河时，都注定了其终将干涸和消亡的命运。子在川上曰，逝者如斯夫，不舍昼夜。我们的人生其实更像是内流河，慢慢流逝，没有补给，一点点地蒸发，一点点地失去。生命更像是一个沙漏，如同眼前的塔里木河。在老桥下面有一片上海知青林。"文革"期间上海十万知青赴新疆，其中四万留在了阿拉尔。他们的青春与激情，也汇入了历史的长河。

我还想接着去塔里木河南边的城市外围，直到沙漠的边缘。在公交并不发达的小城，只能求助于出租车司机。我拨通了来时乘坐的出租车司机的电话。司机一开始向我介绍城市周边的旅游景点、休闲农园、采摘农场等，都是本地人周末娱乐的场所。我直接告诉司机说我要去沙漠边缘。

"沙漠边缘？很少有人去。"司机有点惊讶，随后让我开个价。"五十。""一百吧，五十太少了。""走。"我果断决定上车。工作后我越发体会到，约束旅行的不是金钱而是时间。

车过了塔里木河，再开十几千米，便上了阿和（阿克苏—和田）公路。"丝绸之路驿站，中国沙漠之门"的宣传牌，提醒着人们即将进入中国最大的沙漠。路两侧的植被从胡杨林和柽柳灌木丛，逐渐过渡到芨芨草、毛苕子、沙打旺等草丛。随着草越来越少，沙地越来越多，车窗外的景观逐渐荒蛮化。我的心跳开始加速，想起在来新疆的飞机上读到的李娟的文字："我无数次沉迷于荒野的气息不能自拔，却永远不能说出这气息的万分之一。"荒野有大美而不言，迷人的气息开始涌现。

司机告诉我，沿着阿和公路向南，不到一天就能穿越中国最大的盆地塔里木盆地，穿越中国最大的沙漠塔克拉玛干沙漠，到达昆仑山北麓的和田。车在沙漠边缘停下来。这里除了此起彼伏的沙丘，还有星星点点草丛的点缀，景观显得并不单调。或许纯粹的风景是第一眼美人，拥有混合元素的景象才具有持久的魅力。沙丘姿态万千，一望无际。草丛肆意生长，随风摇摆出自由的形状，足够野性。

我踏上塔克拉玛干沙漠，感受到惊心动魄的美。这是整个欧亚大陆的中心，在遥远的过去曾是塔里木海。随着第四纪印度板块的破裂和俯冲，地壳抬升，海洋后退。青藏高原、帕米尔高原和天山分别从三个方向隆起，将塔里木地区包围成盆地。这里开始与海洋暖湿气流隔绝，并在冬季受冷高压控制，干燥程度不断加深。山地风化的碎屑开始沉积于此，在2500万年前的晚渐新世至早中新世，沙漠出现。如今这里是世界第二大流动沙漠，表面覆盖着数百米厚的松散冲积物，在风的作用下形成多种形态的沙丘链与沙丘网。广袤的沙海是大陆、海洋、大气、冰川等综合作用的结果。此刻我脚下的碎屑与沙砾，或许是亿万年前珊瑚、贝壳的风化物。真正的沧海桑田。

我一步步走进沙漠。草丛越来越稀少，沙漠逐渐变得纯粹。鞋子踩在沙子上，脚下散发出阵阵热气。近些年来，我尤其喜欢一望无际的景象：西伯利亚的森林、蒙古高原的草原、西北的荒漠。或许是现实的限制太多，我才会向往这种一眼看不到边的辽阔。我想起一本关于蒙古国旅行的书籍《我甚至希望旅途永无止境》。书的封面是一辆大巴孤零零地停在蒙古高原的戈壁滩上，空中漂浮着尘土的颗粒，天与地浑然一体。这也是我眼前的景象。

海岸线和岛屿是大陆的外在边缘，离海最远的内陆腹地则是大地的另一个极点。这里是世界的一个尽头，是人间的边界。人类文明结束于此，但荒蛮的世界才刚刚开始。陆地的最深处，与人类内心深处有一种秘密的关联。司机对我说，不要走远，一旦走进沙漠深处，便会进入千里无人区。沙漠深深地诱惑着我。我似乎感知到，在它的中心位置，一场狂野的沙暴正在降临。

梦境之城

伊宁是一个梦境。

有一年6月，我有机会前往新疆伊犁哈萨克自治州的霍尔果斯参加活动。我们经伊宁转机，得以在这座城市短暂停留，一睹其芳容。作为走遍各地的城市设计师，我心中有着诸多理想城市的标杆，对于现实中城市的评价有时难免刻薄。对于伊宁，我却无法不赞美。

伊犁州首府伊宁，不是新疆最大、最繁华的城市，但很有可能是最美、最有格调的城市。在历史上，多民族于此交融，中华与中亚文明在此交汇。到近代，从欧洲一路前来的俄罗斯人又带来了现代都市文明。直到今天，伊宁市的斯大林大道等路名还记录着城市的外来元素。各路商贾、文人雅士汇聚在伊犁河谷，都市的繁荣就此产生，流光溢彩的城市史就此开启。即便在今天看来，伊宁依然有着"老钱"的底气。以写作西北边疆而著名的作家周涛，在《伊犁秋天的札记》里这样描绘"伊宁范儿"："我到伊犁来过三次，每次都能非常强烈地感觉到某种异样的冰冷和温暖。这不是伊犁的自然所传达的，伊犁的自然环境永远有着它刚健的妩媚；也不是伊犁的风俗所赋予的，伊犁的风俗民情是全中国最有味儿、最鲜明也是最幽深的。某种异样的冰冷和温暖，是伊犁州府所在地的伊宁社会散发出来的、像气味一样无法看清的面部表情。这里含有风景这边独好的骄傲和自负，也带着边陲重镇见多识广对什么都不再以为然的轻漠……"

狭义的"伊犁"特指伊宁这座城。这座城市有着十足的底气，向世人诉说新疆的厚重历史。自西汉设立西域都护府以降，伊宁一直是控扼全疆、融通西北的重镇。从唐代的安西都护府和北庭都护府，到元代察合台汗国的"亦力把里"，直至清代设置的伊犁九城，伊宁长期作为新疆地区的军事政治中心，始终是天山以北各路英雄豪杰与商贾名士们最大的舞台。清末，随着西北边界的收缩，伊宁逐步经历了从新疆中心到边缘的变迁。随后行政中心的迁移，更是让城市脱离庙堂的光环，转而拥抱生活的诗意。这样的"老钱"型城市变迁的案例不胜枚举，比如俄罗斯的圣彼得堡和加拿大的蒙特利尔。和新疆的其他城市相比，伊宁具有个性鲜明的魅力。

本地作家张惜妍在《远方有座城》里这么写道："很多人从王蒙先生的作品里，知道了伊犁河、沙枣花、白杨、葡萄、苹果、小花帽、冬不拉等元素，将它们融合在一起，形成所谓的'伊宁概念'。"这样的融合共生的"伊宁概念"，在城市的空间肌理上则表现为拼贴与融合：不同时期、不同特点的街区和谐共生，历史与现代有机融合。城市各个区域特色各异，以马赛克般的形式展现出城市文化的多样性。

呈喇叭形的伊犁河谷，是大西洋水汽向欧亚大陆腹地扩散的终点。河谷中的赛里木湖有一个别称——"大西洋最后一滴眼泪"。湿润的气候使得这里河网密布，伊宁因水而兴起，整个城市的骨架沿着伊犁河有机生长起来。而清代在此修建的宁远城，则为城市因水而生的骨架上增加了方形的轮廓以及十字大街。

在色彩斑斓的城市马赛克中，最吸引人眼球的是一片六角形的街区。这是 20 世纪 30 年代由德国工程师瓦斯里规划设计的六星街，这种规划理念和霍华德的田园城市模型不谋而合。当时新疆实行六大政策：反帝、亲苏、民平（民族平等）、和平、建设、清廉。这片呈六角星形状的街区就被称作"六大政策街"。这片将源自欧洲规划理论的放射形路网与我国传统的院落组合形成的街区具有独特的魅力。在这样中西合璧的街坊之中漫步，能很容易地感受到城市别样的个性。在放射状道路上，似乎依稀能看到英国莱奇沃思那样的田园城市风貌；在名人故居前，历史仿佛重现眼前。

如今的六星街区仿佛是城市的公共艺术展示中心，向来往的人们展示着绚丽的民居和鲜活的民俗生活。这里的每家每户都像是一个小花园，但又与南疆不同，普遍融入了俄罗斯建筑的元素，有着俄式的坡屋顶和窗棂，而汉族的四合院也融入了本地民族的风情。建筑和装饰都采用蓝、绿、红等各种鲜艳的色彩，饱和度高，又异常和谐。你会惊叹于这里家家户户都是色彩大师：天哪，怎么能调和出这样绚丽多彩的颜色！房屋颜色是如此之纯净，住在这里的人们，仿佛生活在童话中一样。

最让人过目不忘的，就是房屋普遍采用蓝色的外墙。大片蓝色的墙体，会让人觉得似乎来到了摩洛哥的蓝色之城舍夫沙万，也会让人联想到一部我国台湾地区电影的名字：《蓝色大门》。蓝色的墙和这里蓝色的天空一样纯净，有时候甚至让人分不清，它们共同构成了魅力无穷的"伊犁蓝"。或许建造者原本就想将两者融为一体，使得在老城漫步如同在天空中行走一般，人的心情也敞亮起来。

伊宁一直是天山北麓的门户和枢纽，见证了新疆13个世居民族的形成。如今这里汇聚了维吾尔、汉、哈萨克、回、锡伯等37个民族，整个城市就是多民族文化的露天博物馆。在六星街上，各种民族的元素让人目不暇接。举目望去，满大街都是古力娜扎、迪丽热巴和佟丽娅的海报，锡伯族因佟丽娅而提升了知名度，而伊犁正是

"伊犁蓝"是伊宁老城区最具代表性的风貌

锡伯族的故乡。穿过维吾尔族的餐厅，能看到哈萨克族的马具店；顺着钟声望去，东正教堂的十字架远远地出现在天际线；转过身去，刚出炉的俄式大列巴已摆在面包店外；塔塔尔族的服装店和中亚风格的乌孜别克族的冰淇淋店相邻；一位回族的大妈刚用维吾尔语和她的塔吉克族店员交代完工作，接着就用标准的普通话招呼你去就餐。这时你可能听到不知谁家飘出的手风琴声，悠长的旋律仿佛西伯利亚丛林吹来的一阵风。多样的民族就像这里五颜六色的民居一样，共同组成了多元文化的拼盘。

另一片颇具特色的老城区则是已被开辟为原生态文化旅游景区的喀赞其街区。"喀赞其"在维吾尔语中的意思是"铸锅为业的人"。明末清初，蒙古准噶尔部称雄天山南北，伊宁不仅是准噶尔部的核心，也是漠西蒙古四部（准噶尔、和硕特、杜尔伯特、土尔扈特）会宗之地，被誉为"西陲一大都会"。当时大量世居南疆的维吾尔族人迁居到伊宁。这些人大部分从事传统手工业，特别是以铸锅见长，所以"喀赞其"被用来指代这里的维吾尔族居民。数百年来，伊宁的维吾尔族已经形成了自己的文化特色。如今这里保存了大量传统民居，居民未曾改变富有浓郁地方特色的生活方式。你可以在街头巷尾感受到民俗传统和节庆文化，铁器制作、制靴、维吾尔刺绣以及十二木卡姆艺术等民间技艺依然在这里生生不息。

在老城区漫步，不需要沿着固定的路线，也没有非去不可的景点。随便找一个小巷子进去都会有意想不到的收获。不少民居已成为游客接待点，可以进去参观。维吾尔族大妈会递给你一个冰淇淋，并邀请你进入院子。院里设有土炕，是休息和就餐的地方。院子里栽有各色花卉、葡萄和果树，院墙上挂着精美的壁毯，前廊的石膏雕花华美异常。整个院落华丽、美观且干净，仿佛艺术品一般精致。多民族的融合也体现在这里丰富多彩的建筑上。街区入口处的回族大寺的基本形式为来自中原的传统木构，但是造型细节又不乏伊斯兰文化特点。乌孜别克清真寺则将中亚风格与拜占庭风格完美融合。这里大街曲折，小巷密布，如同蛛网一般。漫步其中，时不时会有迷失在中东和小亚细亚那些古老城邦中的感觉。不用担心迷路，随便找个路边的椅子坐下，可以发一个下午呆。你会发现还有许多的老人、孩子、男人和女人也都静静地坐在树荫下、花丛旁，悠闲地享受着生活。时光仿佛静止了一般。

街边、家家户户门口、院子的角落，无处无花：郁金香、海棠、紫丁香、榆叶梅、连翘、樱花、玫瑰、鸡冠花……，连果树的花朵如苹果花、石榴花和杏花也来争芳斗艳。于是这里的任何时节都色彩缤纷，花香浓郁沁人肺腑，城市也明媚起来。入夏后，这里是月季的海洋。粉红的月季和蓝色的院墙彼此映衬，是家家户户的标配。王尔德有名句曰："一件艺术品就像一朵花一样无用。"反过来说，花朵也就像艺术品一样美好且无价。这座城中，有成千上万个名叫

寻常院落里的丰富色彩

"古丽"的女性，这个意为"花朵"的词也是城市的另一个名字——"古丽斯坦"（花城）。

街区的魅力也藏于树荫之中。炎炎夏日，站在太阳下会被晒得脱皮，一旦进入树荫中便凉爽异常。光晕的斑点打在墙上、路上，和人们的身上，随风晃动，变幻出光阴无常。日光与阴翳互相雕琢着对方的轮廓，记录着四时的更替与藤蔓的变换。

小巷子两侧都是各家种植的果树。春天的花期过去，便迎来了果子成熟的时节。苹果、桑葚等各种水果压满枝头。能看到居民们慵懒地走出家门，随意采摘些果子，就能为悠闲的下午茶搭配上小食。尽管如此，果子还是供大于求，经常看到不少果子掉落地上，被鸟儿捡食，或者慢慢回归大地。

我参观了一户维吾尔族人家，这户人家的庭院里搭着葡萄架，绿树成荫，幽静清新。房屋为20世纪20年代建造的俄罗斯式建筑，院内除了住房外，还有凉亭、厨房、库房等，像是欧洲别墅。房屋的窗框、门楣等细部雕刻着各种精美的花卉图案，色彩浓郁鲜亮。院墙与院门也色彩明丽，与门外的绿树和流水共同构成了都市田园。

"天太热了，你应该去伊犁河边逛逛。"在街边公园里，两个小姑娘对我说。她们一个是东乡族，一个是维吾尔族。她们口中的伊犁河，是这座城市的母亲河，也是城市浪漫之所在。每到黄昏日落时，都会有少数民族的男女在河边举行婚礼庆典。大家围着新婚夫妇翩翩起舞，欢乐也洋溢在夕阳里。

只是时差总是让我有错乱之感，内地临近半夜时，这里才接近黄昏。于是我先去了汉人街寻找小吃，把伊犁河的行程留给后面。小吃街是城市烟火气息的中心。你能在此轻易地将当地特色美食一网打尽。自制饮料、酸奶一块钱一杯，西瓜、哈密瓜一块钱一块，小吃两三块钱一份。摊位连着摊位，看上去永无尽头，再挑剔的美食家也很难空手而归，市民也因此鼓腹含和。有趣的是，这里很少有打包带走的人。大家都是买了小吃就围坐在小摊旁，几个陌生人也可以临时凑成一桌。生活就像是不彩排的情景剧，就这样即兴而随意地展开。我最喜欢的就是这种不紧不慢的生活气息。这种气息像往昔许多美好的事物一样，在流水线般的造城运动中，在地产开发和资本运作中，已经逐渐萎缩、消散。除去豪车、奢侈品和豪宅带来的物质刺激，大城市的人们或许已经很久没有体会到这种日常生活带来的幸福感了。以前有歌曲这样唱："到底是我们改变了世界，还是世界改变了我和你？"在城市化的狂飙中，我们被改变了太多。

幸好在伊宁，我们又重新找到了这种生活的氛围。城市的幸福感本就源自这种生活气息，以及由此派生出的朴素的快乐。新疆作家阿拉提·阿斯木写道："一个伊犁人，要在美好的年龄段里学会享受伊犁，享受伊犁的地理，享受日子和自然风光，享受多种文化的绚烂和刺激，享受从多种语言派生出来的生活方式，享受不同民族固有的浪漫和美好，享受和各族朋友在一起时的那种快活和潇洒。"城市是生活方式与空间场所交织出的诗歌，只有赤忱地热爱生活，与空间形成共情，才能真正理解什么是梦想之城。遥远的伊宁，一直在为我们编织着绮丽的梦。

夏日的夜晚，城市告别了白天的炽热，入夜的微风清凉、柔和。萨塔尔、库布孜、东布尔等各式乐器响起，街边广场上的麦西热甫[1]点燃人们的欢乐。夜空中闪烁的星辰如同《一千零一夜》的故事，它们乘着魔毯，御波斯高原的风而行，来到七河流域，来到这里。伊犁河在夜色中静谧地流淌，城市的火光映在河水中，倒影星星点点，像是在与星空默默地对话。

从来没有一座城能有这么柔软的梦境，人们聚集在一起，追寻记忆里模糊的欲望。或许只有海市蜃楼的幻象，才能抚慰城市人荒芜的心灵。当人们来到天边这座城时，就进入了卡尔维诺的叙事："每当抵达一个新城市，旅人就再一次发现他不知道自己曾经拥有的过去。"等到黎明破晓时，天幕慢慢变得蔚蓝如洗，正如那满城浸染的伊犁蓝。在这之前，银河的星光，纷纷洒洒，都落了下来。

---

[1] 维吾尔族民间歌舞，为多人参加的自娱自乐的活动。

霍尔果斯

凌晨，我从首都机场登上飞机，三个半小时后到达乌鲁木齐；在机场休息一个半小时后再上飞机，一个小时后到达伊宁；出机场后坐上汽车，一个小时后就到了霍尔果斯。从入住的宾馆出来步行十来分钟，便来到霍尔果斯国门。一日之内，马不停蹄，从首都到了边关。过于急剧的时空变换，让人有一种漂浮的感觉，和大地的关系似乎变得若即若离。

这是一个纯粹的口岸，贸易是城市发展史的主线。当年的蒙古人，大概率是准噶尔蒙古人，把这里称为"地多干骆驼粪"或者是"驼队经过的地方"，霍尔果斯这个地名在哈萨克语中意为"积累财富的地方"。如今这里已经是新疆最大的陆路与铁路综合性口岸。在全国15万千米的铁路网之中，霍尔果斯是极其闪亮的一个节点，更是国家意志的体现。每年数千列中欧班列从这里呼啸着驶出口岸，奔向万里之外的布列斯特、华沙、杜伊斯堡……

霍尔果斯国门如今成了一个景区，更是为城市在经济地理上增加了一种仪式感。在横向跨度超过双向八车道的主干道尽端，国门上面写着巨大的"霍尔果斯口岸"几个字，游客们纷纷驻足拍照留念。两个年轻人从摩托车上下来，让我们帮忙拍照。他们从浙江出发，一路骑摩托前来，准备从这里出关，沿着中亚兜一圈后再骑到巴基斯坦的港口瓜德尔港。"自由在路上""追逐着风""沿着'一带一路'的方向"，他们这么对我们说。国门前，一队女骑手吸引了所有游客的目光。她们面容姣好，英姿勃发，身着制式礼服，手戴白色马术手套，骑着高大的伊犁马，像是要去参加奥运会马术盛装舞步的比赛。我听到她们之间在交流，有时用汉语，有时用哈萨克语。

国门景区里有清代界碑，有一个游客购物中心，还种着不少薰衣草。透过铁丝网能看到哈萨克斯坦一侧同样在大兴土木。国门附近的贸易中心和免税购物区门口，车轮一人高的巨型卡车不断进出，带来海量的国际货物。时值假期，游客们在边境的市场上迸发出了非同寻常的购物热情。哈萨克斯坦的切糕、吉尔吉斯斯坦的蜂蜜、俄罗斯的巧克力和伏特加、东欧的绵羊油等各类中亚和东欧的产品，被游客们大包小包地带走。边贸的繁荣可见一斑，而小城也因此得以迅速成长。我买了一盒哈萨克斯坦的切糕，盒子很小却沉甸甸的，可见其密度之高。城市里沿着主干道分布着大量形形色色的外贸市场："国际商品采购商城""国际旅游步行街""国际餐娱美食文化风情街"。街头广告牌上贴着自由搏击中哈对抗赛的广告。整个城市就像是欧亚大陆的大巴扎。

随后两天，我才开启在城市中的漫游。城市主干路两侧种有许多青皮杨树，树干上挂着的牌子上写着种植于清末。这些树见证着一百多年前西北边陲的风起云涌，不知道是不是林则徐留下的"林公树"。与伊宁不同，霍尔果斯是一座年轻而又崭新的城市。城市建成区沿着南北向主干道展开，从地图上看像一个狭长的舌头。城市风貌更像是刚刚由镇发育成的县城，或者是一个开发区。大部分区域还在大刀阔斧的建设之中，道路两侧布满脚手架的未完工建筑林立，看上去参差不齐。由于过于崭新，城市景观并未形成太多特色。在新疆的茫茫荒野中经常能看到一座座集装箱小屋，这里或许是一个放大版的集装箱城市。

霍尔果斯这个名字历来知名度不低。在我曾经居住的一座中部城市里，东西向的连霍高速是城市北部的边界。从连云港到霍尔果斯直到鹿特丹的亚欧大陆通道，承载着一种世界大同的梦想。连云港距离我们不是很远，但是遥远的霍尔果斯则显得神秘。近些年来，这座小城成为影视传媒行业的热土，名声大噪。在电影院里，每当电影结束，观众会起立等待彩蛋。在银幕上演职员表出现后，霍尔果斯××文化传媒公司的文字总会如约而至。自贸区始建以来，这个边陲小城在全国高调亮相，在资本市场上炙手可热。城市也颇有点像美国19世纪的西部小镇：来自各地的商人、冒险家蜂拥而入，未知的边疆变成了金钱的热土。城市里随处可见商务楼宇，注册公司、享受政策优惠的广告牌随处可见。而那些寻找跨境电商合伙人的广告，不知道是不是私底下在寻找代购。

第二天，我从霍尔果斯搭乘一辆旅游大巴去往赛里木湖。返程时，大巴要直接回伊宁，司机把我放在清水河镇。我在路边搭上一辆小汽车回霍尔果斯。车上四个乘客，一个司机，除了我都是哈萨克族人。坐在副驾位置的女乘客似乎和司机很熟，两人用哈萨克语聊天。但姑娘似乎更喜欢讲汉语，一开始是间或蹦出一些汉语词汇，后来是短语和整句，特别是一些网络用语，她明显更习惯用汉语表达。她让我联想起在上学时遇到的上海同学——他们习惯用上海话交流，但碰到一些专有名词或者新潮词汇，就要用普通话来讲，语言切换流畅自如。司机一开始和姑娘有说有笑，但在她说到交了新男友之后，司机明显沉默起来。但她似乎并没有察觉，又开始眉飞色舞地向司机说到她的新手机。她手里拿着一款华为的旗舰手机，套着一个闪闪发亮的手机壳，看上去过于华丽，不过和她的绚丽美甲倒是风格一致。

如果司机像影视剧中那样通过后视镜来看我，可能会发现我也在通过后视镜观察他们。副驾的姑娘肤色白皙，五官柔和，长长的睫毛看不出来是否后天制造。在霍尔果斯的街头，时不时能看到让人颇感惊艳的哈萨克族姑娘。南疆的少数民族看上去像是蒙古人种和高加索人种地中海类型的混血，北疆的少数民族更像是蒙古人种和高加索波罗的海类型的混血。欧亚混血的样貌如今走红，流行的"网红脸"无不凸显这一特征。这也反映出在流行文化的强势影响下大众心理的一种微妙的变化。而这里人的天然混血样貌，相比那些刻意打造的"网红脸"显得更加自然舒展，偏向蒙古人种的长相，也让人有心理上的亲近感。

司机把三位乘客在霍尔果斯外面的团场放下，带着我回到霍尔果斯市里。我来到最繁华的商业街，看到路两侧的小饭馆一字排开，像是饭馆和酒吧的混合体。顾客多为中年男性，他们很多人戴着鸭舌帽，一边抽着烟一边喝酒。随便找到一个小饭馆进去，点上一盘羊肉纳仁、两个肉串，再来一碗酸奶子，此刻的我，感觉自己和邻桌的哈萨克族人已无分别，或许只需要再牵来一匹马。

第二天我和朋友参加了这边的志愿者活动。先是去国门中学参观小学生们的文艺汇演。学校外面是巨大的雪山，洁白庄严，像是从地平线上长出又升腾到天空的白云。参加文艺汇演的学生来自周边的城市和乡村。在这个多民族融合的地区，总能在不经意间遇到只在地理课本上见到过的地名和民族。一位哈萨克族女教师登台唱起《越来越好》，她的普通话流利标准，声音委婉动听。闭上眼睛，你可能会以为演唱的人就是宋祖英。各个民族、各地移民汇聚在这里，最终成了普通话最为标准的一群人。和我们交流的老师们，说普通话时字正腔圆，也没有北京的儿化音，像是中央人民广播电台的播音员。

随后我们和其他志愿者一起，来到苏州援建的丝路小学开展足球教学活动。来的教练有两名，一位是本地哈萨克族教练，他身体魁梧，眉毛粗黑，乍一看像原苏联领导人勃列日涅夫。另一位来自湖南，穿着紧身球衣，啤酒肚凸显出来。他说今天状态不好，昨天下了飞机就发高烧。我负责摄影。这里空气清澈，透明度极高，天空仿佛是由蔚蓝的海水倒灌填满的，明亮如洗。眼前的景致色彩明亮鲜艳，仿佛是用修图软件把图片的饱和度调到了最高。"你们去过内地的城市吗？"湖南教练问道。绝大多数孩子喊："没有。""那么你们最想去内地哪个城市？""广州。"好几个孩子回答。"为什么呢？""因为广州足球队厉害。"孩子们异口同声地说。"还有呢？""上海，因为有上港。"足球，为他们推开了通往外面世界的一扇窗。

从孩子们穿的球服来看，他们中有相当一部分是 C 罗和皇马的球迷。三四十个孩子中，至少能看到五个"C 罗"。他们对梅西似乎不感兴趣，他们喜欢的唯一一个阿根廷球星是梅西在国家队的替补迪巴拉。一个维吾尔族的孩子，长相和身手都颇似内马尔。只见他让人眼花缭乱地盘球过人，突入禁区，再和队友撞墙配合，凌空抽射得分。湖南教练也上了场，不过表现一般，没过一会儿就气喘吁吁地下来，看来身体还没恢复。

上午参加训练的是初中生，下午是小学生。据我观察，来踢球的小学生中大概有三分之一是汉族，而初中生里只有一个汉族孩子。他孤零零地站在球场上，肢体动作无不表达着拘谨，让我想起在学校时不善体育的自己。那么上了中学后，汉族孩子们都去哪里了呢？或许和内地孩子一样，大家都在忙着学习奥数、英语和钢琴。训练结束后，一些孩子纷纷让我加他们的联系方式以便收照片。他们大部分都让我添加 QQ 号，只有一个说要加我微信。问他怎么只有他有手机，他说其实自己也没有，只有晚上等妈妈睡觉后才能去拿她的手机用。"开机密码是我的生日，不过她从不让我玩手机。"

或许是小城市实在没有什么夜生活，或许是来到这里的大多是匆匆过客，天一黑，城市便彻底地安静下来。我一个人四处溜达，穿过一片寂静的居民区，晃晃悠悠地按照网络导航朝着边境方向走去。路灯一闪一闪的，昏黄的灯光忽明忽暗地落在地上，柏油路看上去坑坑洼洼。走到一个街角，路灯彻底消失不见，道路在无声无息中到了尽头。再往前，便会步入无边的黑暗。我停下来，面前是一片空地。近处有一些沙砾、碎石，骆驼刺，稍远的地方有似有似无的灌木丛，偶有野狗的叫声从远方传来，不知道它们是在守护哪边的边境。空气凝滞又带着一丝冰冷。无尽的黑暗仿佛是黑洞，一切可见光都无法逃逸。一种迷人又深邃的未知气息从黑暗深处散发出来，吐露出难以言说的内亚性。

黑暗的那边是什么？是神秘又迷人的中亚吗？李白出生的碎叶城是不是就在那边？中亚五国国名里的"斯坦"，是"开阔的土地"之意。那片土地上的山川河流、四季风物，和我们这边又有什么不同？我幼年时使用的地球仪上，西北边境线外面标注着苏联的国名。在中学的地理课上，我熟背了五个斯坦的名字。那片土地是我们无数想象叠加的产物。不知道边境线上会装着什么样的铁丝网？此刻，一场暴风雨的戏码在我的脑海里上演：暗夜中袭来一场暴风雨，电闪雷鸣，闪电击中铁丝网，耀眼的光芒沿着铁丝网扩散，将天空与地面瞬间相连。就像艺术家瓦尔特·德·玛利亚在新墨西哥州的装置艺术作品《闪电的原野》所展示的那样。在电光闪烁的瞬间，我们感知到的多重空间，迅速地重叠又消解。

不知何时，一个戴着安全帽的人骑着自行车来到我面前。"你从哪里来？""河南。""老乡啊。"我和这位老乡先是用普通话，然后用河南话开始聊天。想到新疆也有大片的中原官话区，这样的对话就有了方言地理学上的正当性。两个中原人，在万里之外的边陲，就着夜色，能聊些什么呢？我问他关于这座城市、关于国境线的事，得到的却是答非所问的只言片语。他一直在自说自话。我们便有一搭没一搭地各自说道着，竟然也聊了一阵子。不知道过了多久，他说："要回去了。"这段离奇的会话就此终结。他骑上车，像影子一样飘走，融入无声无息的夜色。后来我反复在记忆里寻找，这个人是否真的存在过？而这片土地一直就在那里，无论多少人来，多少人往。许多来自平行宇宙的人偶尔相聚于此，每个人的行踪，都为大地叠加了一个薄如蝉翼的图层。

站在敕勒川博物馆前，看着门口张贴的闭馆告示，我感到无比沮丧，禁不住自责：在这么寒冷的冬天，我跑到这个偏远的地方干什么呢？我从包头一路来到萨拉齐，来到这个大多数人一辈子也不会来的小地方，无非就是为了了却自己的《敕勒歌》情结。造访一座偏僻小城，只为了一座名字来自古代民歌的博物馆，这个旅行的动机过于浪漫，以至于矫情。这些想象和自我陶醉最终在冰冷的现实面前被击得粉碎。如果我善于从过往生活中总结教训的话，这是早该预料到的。

两天前，我漫步在冬日的包头，在看到敕勒川大街的路牌时，《敕勒歌》顿时在脑海中回响。随后我查到在包头城外的萨拉齐镇有一个敕勒川博物馆，便生出了前往参观的念头。这次内蒙古之行，我住在包头火车站旁边的宾馆。选择这里的原因在于我觉得在内蒙古的茫茫原野上，火车是最合适的长途旅行工具。旅行作家保罗·索鲁把火车比作铁公鸡，而在这里火车更像是骏马。踏上火车，旅人便能化身为浪漫的骑士，在这片辽阔的土地上纵横驰骋。从宾馆出来，十分钟便可登上火车，向东可去呼和浩特，朝西则是巴彦淖尔，往北可以到白银鄂博矿区，往南是财富新贵鄂尔多斯。四面八方的主要城镇都可以半天内到达。

两个小时前，我踏上了从包头向东开的绿皮火车。冬日的清晨，人们裹着棉衣，哈着热气，鱼贯而入，车窗被水汽打磨成半透明的磨砂状。

一个半小时前，火车经过黄河岸边。清晨的大地被霜覆盖，工厂厂房里的大型机械披上了一层白色大衣，未被覆盖的地方则闪烁着黑色和褐色的金属光泽。重工业设备的粗犷与严冬的肃杀交织出重金属的乐章，震撼人心。上一次我心头产生类似的触动，还是在多年前的一个冬季坐火车经由杜塞尔多夫进入鲁尔区看到类似的场景——大河、大雪与大工业厂房时。

半个小时前，我来到萨拉齐镇，包头市土默特右旗的首府。这是一个再寻常不过的北方小镇。临近年关，除了我，还会有谁特意来这样的小城？出站的乘客看上去都是本地人。我像是一个闯入者，内心升起一丝莫名的快感。天气阴冷，浓云低沉，空气压抑得有些让人喘不过气。我叫了辆快车前往博物馆。透过车窗，街景看上去像是褐色的胶片，似乎能闻到铁锈的味道。车穿过隧道时，不经意间瞥见路边的脏雪和凝结成不规则形状的冰面，莫名想起英格兰中部的工业小镇。

初见萨拉齐这个名字便印象深刻。旅途中和朋友们微信聊天，有人说这让他联想到埃及球星萨拉赫。按照主流的说法，萨拉齐来自蒙古语，意为"做奶食的地方"，也被称为"厂汗圐圙"，意为"圣洁的定居点"。但也有人认为，按照蒙古语地名同音异写的现象，周边牧区许多叫"沙尔沁"的地名更能代表"挤牛奶"的意思。有人认为波斯语里的"萨拉"（sara）是萨拉齐一名的来源，意为圣母，并论证说今伊朗南部的名城设拉子（Shiraz）也与这个词源有关。设拉子被称为诗人、文学、美酒和鲜花的城市，其名字中的"设拉"在波斯语中有着狮子或者牛奶的意思。考虑到来自中东和波斯的景教曾在西北草原传播，"萨拉"或许与萨拉齐的名字有着隐秘的关联。事实上，翻开地图，能看到内蒙古有大量各种变体的蒙古语地名。特别是历史上就存在民族杂居现象的河套地区，把蒙汉语言混杂称为"风搅雪"，许多地名都留下了文化混血的痕迹。地名解释的多样性，本身就是多文化融合的一种特征，体现着内亚诸地千丝万缕的历史联系。

我绕着敕勒川博物馆转了一圈。这座大型公共建筑像是一个扁平的方盒罩在大地上，或许是呼应了《敕勒歌》里"笼盖四野"的"穹庐"。建筑四面外墙上嵌入了平整透明的玻璃砖，在干燥的冬季蒙上了一层灰尘。再加上人迹稀少，这里更像是一个没落的商业综合体。

博物馆里面展示着什么呢？会以《敕勒歌》为主题吗？"敕勒川，阴山下，天似穹庐，笼盖四野。"小学课本中的这首北朝民歌，被认为体现了牧民们能歌善舞的浪漫。但真实的历史则充满了悲凉。东魏孝静帝武定四年（546），高欢率领大军攻击西魏在黄河边的玉璧城（今山西运城）。战事持续两个月，东魏损兵折将七万人，却始终无法攻破城池。在深秋的寒风中，大军不得已而撤退。时军中传言高欢病逝，士气低落。高欢便召集军政要员会面以平复谣言。宴会上，追随高欢多年的敕勒族将军斛律金起身，高歌一曲《敕勒歌》。按照史书记载，高欢当时"自和之，哀感流涕"。这是英雄末路的慨叹。两个月后高欢病逝，一代枭雄就此殒命。

或许隆冬是适合与这首民歌共情的时刻。我哆嗦着在敕勒川博物馆门口转了又转。不知真正的历史是被博物馆里的文物所承载的多，还是在博物馆之外流失的多。在大门口的告示栏上，我看到土默特右旗的旅游地图。以美岱召为代表的景点基本都位于山野之间。那我还要在萨拉齐城镇里停留吗？游牧民族的文化在城市里早已经荡然无存，此地的建筑与街景和其他城市并无两样。北边不远就是大青山，城里一些高大的板楼也不断崛起，压迫感十足。人工天际线不断成长，欲与山峦比高。街道没入楼宇巨大的阴影之中，本就阳光稀少的空间变得更加阴冷。在这里显然不适合逛街。清冷的街道空无一人，商店躲在厚厚的门帘后面，大部分也已关门。只有风在公共空间回旋。严寒直扑到胸口，从人身体内逼出一股凄凉感。

我赶紧钻进附近的一个小饭馆抵御寒意。吃饭时，一个念头莫名地冒了出来：去呼和浩特。在目的性很强的追求被击碎后，放任自流的漫游或许是个好主意。半小时后，我将重新回到萨拉齐火车站。滴滴叫来的依然是来时坐的那辆车，不过司机并没向我打招呼，不知道是没有认出来，还是内心毫无波澜。包头和呼和浩特这对内蒙古双子星之间的车次频繁。作为两地之间最大的一站，萨拉齐到两地颇为便捷。我点开手机，网购了最近一趟东去的车票，像是一个作案未遂的犯人，匆匆逃离此地。

我为自己的仓皇找了些许无厘头的理由。在之前读过的一些犯罪小说里，北京的罪犯往往会选择沿京包一包兰线向西逃窜。不过我这次是沿着这条铁路从西向东走。透过车窗，可以看到京藏高速横亘于铁路线北侧。那条高速从北京德胜门出发，在内蒙古绕了一个圈之后延伸到青藏高原。我曾经工作的写字楼下就是京藏高速，也许我当时俯瞰的车流中，就有一辆正奔驰在眼前。高速以北便是阴山山脉的中段，山峦绵亘，山脊线齐整柔和，远看像是一座巨型屏风。屏风那边是漠北的苦寒，这边是河套平原的千里沃野。

从包头到呼市的线路经过敕勒川的故地。现在敕勒川就在眼前，但又让人感到陌生。如今这里已经全然农耕化，和华北平原的农村并无太大区别。收割过的庄稼地里，秸秆均匀地伏在地上。在重度雾霾之下，远处的阴山显得更为厚重，近处的原野倒有些《敕勒歌》里浑朴莽苍的感觉。这是叠加了时间的重量，还是历史演变为另一种形态？牧羊人在原野上驱赶着羊群，夕阳斜照，羊群散发出迷人的金黄。在火车的行进中，它们迅疾地闪退，很快被甩出视野。

绿皮车厢的车窗像是一个画框，被框住的画面中是描绘北方旷野的油画。工业厂房、村庄居民点和各类市政基础设施组成了铁路沿线的景观。原野如今遍布人工雕琢的痕迹。和内蒙古其他地方类似，在接近城镇的地方，许多白色的"蒙古包"冒了出来。它们多是用砖头或混凝土垒成的农家乐或度假村，做工粗糙，与其说是蒙古包，倒不如说是碉堡。历史里的地景不复存在，曾经的人地关系也彻底瓦解。一些打着敕勒川旗号的度假村里，残存的历史痕迹被圈养起来，像个盆景一样被展示。敕勒川这个名字则保留至今并以各种形式发扬光大。火车经过土默特左旗下辖的敕勒川镇。从农村院墙到电线杆，视线所及之处的广告标语大多来自各种以敕勒川命名的企业。

真正的敕勒川在哪里？在正统的话语体系中，眼前这片阴山与黄河之间的土地继承了敕勒川的地域称号。但其实学界也说法不一。有人说在山西朔州，还有学者认为在新疆境内的天山北麓——那里远比河套一带草木旺盛，才可以出现"风吹草低见牛羊"的景象。即便是对于《敕勒歌》也不乏考据上的争论。有学者认为它不是鲜卑民歌，而是山西民歌。还有学者认为这首民歌与突厥语关系密切，和维吾尔民歌或哈萨克民歌大有相似之处。而敕勒人，也许是高车人、丁零人，也许和西域的乌孙人和塞人有密切的关系。可以肯定的是，敕勒人和《敕勒歌》都是北方民族融合的产物。只是，"好引声长歌"的敕勒人早已湮灭在历史的长河之中，真实的细节散落在茫茫原野无从考证。时间的重量总是落在脑海中而非土地上。我们通过想象构建一个世界，让自己旅行于其中。

我把目光从窗外的历史转向车厢内的现实。和我一起上车的一群青年男女打扮时尚，像是去参加选秀节目。我对面坐着两个看上去像刚毕业的女学生。从她俩的聊天得知，一个人要去呼市亲戚家的商店里当导购员，另一个要趁元旦假期去那里相亲。这两个女生的旁边，一个网红模样的女人支起手机，在车厢里现场直播。她的五官单独看都很美，但凑在一起就显得怪怪的。车厢里弥漫着一股青春的气息。夕阳穿过窗户洒落进来，空气中无数细微颗粒在微光中飘浮，最终缓缓落在每个人身上。强流动性塑造着新的人地关系。历史上这片水草丰美的土地上，向来不乏各民族年轻人的身影，像草场里一茬茬的牧草。但如今科技的进步拉近了时空距离，年轻人纷纷因大城市虹吸作用而离去。今天是 12 月的最后一天。在这个时间点上，在这片寒冷的塞外土地上，繁华的大城市显得分外诱人。

车到呼市时已经天黑，天空中开始飘落雪花，像是在庆祝即将到来的新年。雪越下越大，雪花纷纷扬扬，在路灯的光晕下飘浮、闪烁，缓缓落入大地怀中。空气中尽是温馨。城市灯火通明，在漫天雪花的映衬下显得有点梦幻，好像一个巨大的水晶球八音盒。我漫无目的地在城市里游荡，在不知名的街区，随着本地人的脚步来到一家烧卖店。两天前刚到包头的那晚，我窝在宾馆里看了贾樟柯的电影《江湖儿女》。影片中，女主角坐在副驾位置，向开车的男主角撒娇，说想吃烧卖，让他开车从大同直奔呼市。结果路上两人被小流氓拦截，她在冲突中开枪犯罪。电影中的人没能去成呼市，我替他们完成了这个心愿。烧卖在全国各地都常见，但公认其来源于呼和浩特。在这里，烧卖还有个名字叫作"稍美"，据说是这里烧卖皮的皱褶如花般美丽。

饭后我重回呼和浩特火车站。在车站我想起拉铁摩尔当年在归化城的见闻。他看到游牧商队和货运火车同时抵达归化城火车站，商队的货物从骆驼背上被卸下，整齐地排成一行，与火车运载货物的车厢平行。这两列货物的距离只有两三步远，却隔着两千年的历史。如今的我们和历史相隔多远？我享受着便捷的交通，一日之内能在三座城市间穿梭。但我也困惑于短短的几个小时之内我又能如何深入感知这些城市？在科技的强力压缩下，空间变得有限，但时间变得更为稀薄，人们被高度的可达性牢牢困住。近代内亚的探险家和学者们，如斯文·赫定、普尔热瓦尔斯基、拉铁摩尔、马鹤天、杨钟健等，都会花上数月甚至数年的时间，随着驼队穿越草原、戈壁和沙漠。如今的交通工具让人们便利地在大地上穿梭，获得的却是流于表面的感受。曾听一位知名的地理学家说，他几乎用脚步丈量了全国几百个地级市。但我知道他每日飞来飞去，忙的是调研和会议，很难说能和大地有多么深入的接触。在火车上的匆匆一瞥，很难让我觉得自己到访过敕勒川。如果说历史上的游牧民族与这片土地的关系是长相厮守的婚姻，探险家们与这里的关系是浓情蜜意的恋爱，那么我这趟一日游甚至称不上是一次肤浅的搭讪。技术进步把世界轻易地送到我们面前，而我们却不再学习走进世界。

火车缓缓开出城市，没入茫茫黑夜。直达包头的夜车上至少有几百人，除了我还会有人关心萨拉齐和敕勒川吗？下午来呼市的车上充满了年轻人的欢声笑语，晚上回去的车上更多的是老年人的沉沉暮气。坐在我对面的是一对中年男女。男的显得更苍老一些，脸上坑坑洼洼、沟壑纵横，笑起来眼角的皱纹很深，仿佛能把流逝的时间和生活的艰辛都埋进去。他一边刷着抖音一边对女人插科打诨，把女人逗得哈哈大笑，她的眼睛笑起来眯成一条弧线，像是草原上升起的新月。在她有些浮夸的笑声中，隐约又透露出些许对男人的距离感。鹅黄色的灯光洒在他们的躯体上，两人像是寺庙里供奉的佛像。一路上他们的说笑声在车厢内来回反弹，滑过时间和空间的表面。我一边猜测着他们的关系，一边把头转向黑暗深邃的车窗。车窗上映出他们丰满的身影，后面则是空无一物的黑暗，有一种深海的幽深感。从黑暗中隐约能感受到草原无边的萧索。曾经的苦寒之地，让草原上的游牧民族在隆冬时节变成凶残的掠夺者。而如今这草原已经经历了沧海桑田的变迁。

在流动的空间中，时间会变得飘忽，不知道什么时候经过敕勒川，什么时候经过萨拉齐。在这个晚上，车厢像是时空隧道，直抵历史深处的太古与虚空。车厢外呼啸的风是号角、羌笛和战马的嘶鸣。车厢里则是一片温柔乡，充满了岁月静好的暧昧，以及怦怦的心跳……

冬日恓惶

　　窗外是白茫茫的一片，裸露的山体、干枯的植被都披上了一层薄薄的白色纱衣。冷却塔、烟囱和输电铁塔逐次挑起地平线。梯田、厂房、矿井、露天开采设备和车站次第出现，人工景观在眼前不断变换，一种北方的记忆开始浮现。随后大雾弥漫，天地混沌，看不清过去与未来。除了列车的震动，一切都悄然无声。时间和空间都由浓稠变得稀疏，在高速流动中烟消云散。

　　在一个冬日，我从北京西站上车，两个小时后睁开双眼，便看到和平日全然不同的景象。我从没见过这么偏远的高铁站，到市区不堵车也要坐一个多小时的车。对于初次到访的人来说，这漫长的距离给足了人们认知城市的准备时间，通过沿途莽原上的矿井设备即可慢慢构建起城市的意象。窗外的景观非黑即白，像是水墨画，但苍凉尽显。让我想起小时候在豫北小城见到的雪后的工厂和煤山，以及当时我穿的那条被冻得硬如铁皮的棉裤。

路两旁沟壑纵横，景观冷冽粗砺。积雪融化之后，大地露出黄褐色的表皮。光秃秃的山坡上偶有植被，像是重金属含量超标一般呈现出铁锈的颜色。在太行山隔壁的华北平原上，一望无际的是种植小麦、玉米、高粱的农田。而在山这边的黄土高原上，从地里冒出来的则是数不清的采煤机、泥浆泵、高炉和钢包车。村落间或出现，和黄土梯田融为一体。砖瓦房和窑洞混杂，随着地势层层叠叠构成立体的村子。偶尔能听到的一两声鸡叫都略带苍凉。

出租车司机则为我们讲述着站前广场上赵氏孤儿的铜像："忠肝义胆，忠义之乡。" 三晋大地的底蕴何其深厚，任何一个小地方都有值得当地人津津乐道的典故。不过这依然是一座年轻的城市。始于近代的城市化，发展动力还是煤。石炭纪的参天大树，在陆地和海洋中层层沉积、腐化，经由地壳运动，成为黑色的黄金。亿万年间，沧海桑田，地质纪元浓缩在财富爆发的瞬间。煤炭为曾经工业羸弱的国度提供了强心针，也改变了城镇发展的空间格局。燃煤与电力的浓烟滚滚，是工业化与城市化相互交织的奏鸣曲。从密布的古建，到煤老板的豪车和别墅区，三晋大地上的文化生态与社会分层为之一变。

阳泉，一百多年前只是平定县的一个小村庄，因煤矿和铁路而

从阳泉高铁站到市区的路旁，随处可见依山而建的层叠村居

快速发展起来，和北方诸多煤城的起家经历并无二致。直到今天，三个市辖区还保留着郊区、矿区、市区这样简单粗暴的命名。黑铁产业带来滚滚黄金。作为山西无烟煤最重要的产地，几十年前的阳泉风光无两。太行山脚下的小城一跃成为仅次于太原、大同的全省第三大城市。"电话区号0353，身份证号1403，车牌号晋C，哪个不是山西老三？"在矿上工作了大半辈子的老许在接待我们时这么说。

那时候，全城厂房林立、烟火缭绕，煤矿、钢铁、材料、化工产业集群式发展，尽显大工业时代的风流。摩天大厦矗立，林荫道上车流滚滚。姑娘小伙穿着从上海、天津买来的的确良衬衣和短裙，比省城人更时髦新潮。城市里随处可见全国各地来买煤的商人，各种商务活动催生了大批餐饮、娱乐服务产业。"买衣服，什么大牌子都有。有钱，好使。那时候我们这儿都叫小香港。现在的人是不知道了。"老许说，"去太原、石家庄、北京、上海，都能看到挂着晋C车牌的好车。"

进入新世纪后，城市发展陷入低谷，好似整个山西的缩影。资源耗竭、产业衰退、人口外流三件套在这里一应俱全。长期作为全省老三的阳泉，GDP一度下滑到倒数第一。城市的知名度也随之骤降。当年的山西第三城、农业学大寨的发源地、"小上海""小香港"，已默默无闻。如今这座城市唯一具有全国知名度的，是在娘子关电厂"摸鱼写作"的科幻作家刘慈欣。而区位和交通则作为双刃剑,使得马太效应逐步放大。城市西边挨着太原,东边是石家庄,距离两个省会都是百千米左右。从前慢,正太铁路的开通让小镇迅速发展为两个大城市之间的中心节点;现在快,高铁虹吸效应显著,让这里留不住人。更何况这个高铁站距离市区还是如此遥远。

老许带我们参观了一个老厂区改造的文创园。和当年全国铺开的大工业生产一样,如今的旧厂房改造的文创园,看上去也出于同一个模子。文创园本应成为个性化的城市客厅,却变成了批量生产出来的旅游纪念品。红色砖墙,承载记忆;改造结构,更新建筑;植入业态,活化空间;艺术展览,商业导入;文化地标,网红空间……全国各地都在打造一样的文化创意产业流水线。不过这里与南方的文创园区还是稍显不同。南方的园区像是热带丛林,万物生长,业态和人气如同植物的枝叶一样繁茂。而北方的园区则如同北方的原野,显得空间巨大,个体渺小,就连刮来的阵阵北风都饱含惆怅。

我们在文创园里参观了一些老厂房改造的展厅,里面陈列着许多老照片。巨大的机械与巨大的墙体融为一体,像是巨人的手臂一样把展厅紧紧环抱。老许说:"其实不爱来这里……人会怀旧,怀旧也影响心情……"他那股沉郁的气息,给人一种感觉:从小在这里长大的人,参观这里的话必须得沉重起来,否则都说不过去。说到工厂的倒闭，老徐把其原因归于区位。"沿海那边，技术先进，人的思想开放活跃。咱们这儿是内地的内地，开放程度不一样。"显然，在当年城市繁荣的时候，肯定没有"内地的内地"这个说法。那时候阳泉作为山西的东大门、资源密集的核心区，吸引着人流、物流与资金的到来。在城市历史的故事线中，自然地理与政治经济学彼此作用，为城市发展提供着不断变动的逻辑。

老许更感慨的是如今显得愈发陌生的社会：逢年过节什么活动都没了，孩子们也去外地了。以前干什么都有熟人帮衬，如今都只认钱。"我们这年纪的人嘛，还是不太接受。中国人嘛，感情为基础。也许是我们活得固执了。"人们可以从不同视角对城市的变化进行解读。建筑师和设计师关注空间功能的转换，而老许关注的是传统邻里社会的瓦解。我们所试图理解的和他所怀念的完全不同。按照他的话说，"和你们知识分子讲不来，都是各说各话。"

这是一座北方不多见的山城。许多小山丘陵穿插在城区中，让城市有了更多的层次感。上上下下的坡道，让人联想到重庆，或是首尔。这样的城市更适合打造山水相间、城景交融的风貌。只是景观风貌的柔性需求，一直在经济产业的刚性特质面前处于下风。城市意象也因此在两者之间徘徊不定。相对而言，阳泉并没有像典型的资源枯竭型城市那么糟糕，与其说城市是在衰退，不如说是资源耗竭后正在向正态分布的状况回归。如今的这座城市流淌着贾樟柯电影的质感，粗糙、冰冷、怀旧，角落里又充满烟火气，不乏细腻的光辉。漫步其中，能见到许多北方小镇青年们熟悉的场景，过往的记忆不断闪回。如果城市有人格的话，那么阳泉一定是个沧桑与纯情并存的人。

市中心的老建筑如琥珀般凝固了城市的流金岁月。老火车站是典型的 20 世纪七八十年代的风格，主体建筑上顶着一个巨大的钟表楼，非常适合怀旧的人穿上中山装，手提"上海"牌手提包，以之作为拍照背景。邮电大楼是典型的苏式建筑，两侧对称地保留着"工业学大庆"和"农业学大寨"的标语，与楼下的后现代主义风格的雕塑进行着跨时代的对话。百货商厦依稀保留着计划经济时代的"国营气质"。天主教堂高耸的十字架，成为老厂房的背景，也记录下近代工矿城市发展的另一条线索——矿山、铁轨、帝国主义和传教士。那时候，许多类似的小地方都借助资源，一步步融入西方殖民主义主导的全球化。而这些老建筑旁的新建地产项目，却装上了徽派建筑的山墙和屋顶，让人从对历史的缅怀中瞬间"出戏"——另一种席卷全国的城建审美正在野蛮地攻城略地。

离开时去往车站，又是一段漫长的路途。车子在原野上穿梭，大地一片萧瑟，万物凋零。北方的冬日天黑得早。眼前的旷野和山丘光秃秃、黑黝黝的一片，冷峻、粗砺又潦草。氛围萧索得让人忧郁，也为抒情感怀添加了无数的燃料。"秋士易感"的文化传统于此嬗变出后工业化的版本。蒸蒸日上时的城市像青春的荷尔蒙般让人兴奋，而繁华褪去的城市让人惆怅，像是人到中年后被锤得耷拉下来的精气神。城市的百年兴衰让人唏嘘，用山西话说叫"恓惶"，听起来叫人背后一凉。

不由得想起日本文化中的"物哀"概念。与物共情，消解了悲哀，超越了现实。诸如樱花落下、贵族没落、产业衰退、人口外流，华美的盛宴终究烟消云散，过去的时光全都被怀念叠加了滤镜，生出颓败的美感。窗外的山野暮色让人想起集物哀笔法之大成的川端康成，他在《雪国》中这样写道："山沟天黑得早，黄昏已经冷瑟瑟地降临了。暮色苍茫，从夕晖晚照下覆盖着皑皑白雪的远方群山那边，悄悄地迅速迫近过来。转眼间，由于各山远近高低不同，加深了山峦皱褶不同层次的影子。只有山巅还残留着淡淡的余晖，在顶峰的积雪上抹上一片霞光。"这语言让人沉浸在悲凉、易逝的虚幻氛围中。那么这里是另一个雪国吗？川端康成的文字仿佛与这里的田野和山峦平行交错，互为镜像。在山川的清寒之中，在微光与战栗之中，蕴含着自然界与人的宿命。衰败会让人在忧郁中沉迷，有时候甚至比繁华更为迷人。时间裂开空隙，颓败中生出虚无。逝去的事物，在被怀念中焕发出别样的生命。

对于外来者来说，在陌生的土地上，短时间内从山川风物里探寻到文化基因并不是容易的事。这种尝试有时甚至会显得轻浮。主观慨叹已然不易，更遑论客观分析。在异地他乡的时空变换中，记忆变得模糊，感知变得凝滞。能说出来的、说不出来的，都是对大地浪漫的想象。只是有时候我们也无法分清那是外来者的一种单向的凝视，还是人与土地深层次的相互理解。在与外界的互相打量中，城市新的意识形态或许在逐渐生成。

天色阴晦，浓云低垂，今晚大抵又要下雪了。身处现实的困境，你可以叹一声"真恓惶哩"，也可以像娘子关电厂的那个工程师那样，仰望星空，去追寻宇宙深处的终极答案。

记忆之流

　　似乎回到了家乡。坐出租车，司机一开口，我便以为他一定是来自河南。我用河南话和他交流，才发现他是本地人。我从没来过鄂西北，却惊讶地发现这里像是另一个中原，只是气候更加温湿，有一种南北过渡的风格。于是便一边沉浸于故乡的亲切感，一边感受着空间蒙太奇般地变换。

　　汉江的郧阳段即为沧浪水，孕育了独特的沧浪文化。这里是一片流动的地域，大河与土地交媾，孕育了千百年的鱼米之乡。水流带来航运与贸易的兴盛，码头与城市应运而起。与水的流动相应的是人的流动：荆州、襄阳、南阳三府历史上就有流民移居的传统。明代《大学衍义补》说三府兼有水陆之利："南人利于水耕，北人利于陆种，而南北流民侨寓于此者比他郡为多。"以古郧阳为核心的荆襄地区处于三省交界处，在历史上长期是流民聚集区，各地破产农民大量涌入这个山峦连绵、林幽水深、气候温和的地区，造就了一条狭长的南北文化过渡带。

历史上的流民在这里逃避严苛的现实，又汇聚出浪漫的意象，让人联想到塔克拉玛干沙漠里的刀郎人或是欧亚大陆的吉卜赛人，这片地域也因此有了一种出世的归隐之感。为治理流民而设置的郧阳府治下辖数十个县，范围和如今的环丹江口库区大体一致，历史就是如此巧合。这里的地域记忆是流动的，迁徙、流动和水陆变迁是人地关系的主线。人类通过建设城市，重构了人与自然之间的关联。作为媒介的城市，被流动的水和人不断地雕琢。

汉水是汉民族的兴隆之地。郧阳因水而兴，历史上是汉江流域最兴盛的城市和最大的商埠。但近一百年的历史却跟十堰和郧阳开了个玩笑。1959 年，丹江口水库截流合龙，有着千年辉煌文明的古城就此没入江底，县城开始向老城北迁建。1969 年，原有老城全部被淹，仅存小西关一隅。新建的县城更像是一个小镇。20 世纪 60 年代，原属于郧阳的十堰因"三线建设"而兴，十余万技术精英从长春、沈阳、上海各地来到这崇山峻岭之间，闻名的"汽车城"拔地而起。原为郧县一个偏僻小镇的十堰，因二汽的建设开始发展成为重要的城市，汽车开始成为这里的标签。从水利工程到东风二汽，城市始终是人类改造自然的副产品。1967 年，十堰从郧县分离，后又开始管辖郧县。老城废弃，新城兴起，城市发展史上"鸠占鹊巢"式的变迁并不少见。但这是一个更加彻底的例子，对于郧阳来说尤为悲壮。独守汉江的小城，逐渐退居文明舞台的边缘。

翻开规划文本，看得出城市总在迫切地寻找自己的定位。有一版城市规划把十堰定义为关中、成渝、武汉、中原四大城市群之间的枢纽。但换个角度看，这更体现了一种边缘地带的尴尬：距离各大城市群都不近，最终成为被遗忘的角落。因山水阻隔，城市独自在山岭和大河之间怡然自得，仿佛一个逍遥派。

第一次看到汉江便是在郧阳，回想当时，震撼依旧。汉江江面开阔，水量巨大，比起黄河长江也不逊色，让人联想到《诗经》的描述："汉之广矣，不可泳思。江之永矣，不可方思。"眼前的沧浪之水却与激荡无关。江水浩荡又静谧，不动声色地缓缓流淌，屈原流放时遇到渔父的沧浪洲默默地沉在水底。夏日的江水色彩极淡，通透白净，微微幽蓝，凸显一股柔和的气质。作为水源保护地，这里常年水质极佳，清莹澄澈。宽旷的水面像是大湖，平滑如镜面，看不出一丝波动，但似乎水面下涌动暗流。突然想到尼斯湖水怪露出头前湖面风平浪静的样子。真相往往在水面以下，就像沉入水底的古城那样。

有千年历史的郧阳府城，早已在水底度过了半个多世纪的光阴，我们只能通过郧阳博物馆的展陈和老照片一窥古城风华绝代的模样。始建于明成化年间的郧阳老城，城郭由青砖垒砌，城垛密布。街市繁华异常，商贾云集，货铺、客栈、各地会馆密布其中。从城外遥望古城，钟鼓楼、府儒学宫、寺庙、庵堂等各色亭台楼阁依次排列，建筑群体井然有序。城市与外围的山水交相辉映，和谐共生。这个"黄金码头"西通陕西，东接武汉，曾经常年有上百船只停靠。即便是老城被淹没后，1974 年的照片里的西河码头依然有着千帆竞渡的场景。

看着城市的沧海桑田，人类对于自然的改造与抗争，一种是轰轰烈烈的，一种是默默隐忍的。郧阳的故事显然属于后者。2013 年南水北调中线工程堤坝修建后，残留的老城小西关遗址被彻底回填。2021 年，丹江口水库蓄水水位达到 170 米，在此之下，一切都被沧浪水所封存，成为历史的胶囊。在迅疾的时代变革中，没有人能知道水流会让文明更加坚韧还是更加脆弱。在建设与变革中，城市发展有如浪潮般滚滚向前。个体在时代的洪流中被推着走，未必能意识到大浪的方向。

部分被淹没的历史建筑被异地搬迁复建。我们参观了搬迁复建的府儒学宫。建筑群坐落在城外的山野之中，远离了城垣与街巷，显得孤零零的，像是一件大型复刻古玩。旁边树丛中坐落着一处民居，虽是新宅，却颇有古意，汉韵古风不经意间从木结构中流露出来。门口蹲着一对独具特色的石狮子，憨态可掬，可爱异常。眺望四周，整齐划一的村居在远方密林之中若隐若现，那是安置库区移民的新村。对于库区移民来说，沧桑巨变是外人浪漫的话语，身处其中的他们承担的是人生的沉浮。在经历了兴废的砖瓦之间，我不由深深地思考忒修斯之船的悖论：不断更新的城市还是原来的古城吗？我们不断拆旧建新，城市是否继承了曾经的魂魄？

南水北调像弥赛亚式工程。滔滔汉水再次成为母亲河，哺育北方的亿万人口。巨型工程的建设也给了城市新的发展机遇。在城区的出入口竖有标语："南水北调大水井，千古一地大郧阳。"新城旧梦，城市雄心不减。水源地要大保护，也要大发展。按照当地人的说法，即将启动建设的新区要和"大武汉"对标："武汉建了长江新城，我们要建设汉江新城。""汉江新城"这个名号花落郧阳，连汉江沿岸的重镇襄阳都没有拿到。

如今作为十堰市辖区的新郧阳城仍然依山沿河而建。城市主干道两侧灯杆都印上了"中国郧阳，人类之家"的标语。前些年发掘的郧阳人化石给人类发展史研究提供了珍贵的实物证据。自有人类活动以来，这里人居环境的发展变迁就不断地纠缠于和水的关系，古老河流的诘问也是我们对自身的诘问。如今站在江边，宽广的水面几乎没有一艘航船的影子。因为南水北调开始后，汉江航运式微，曾经的码头、货物、船只、艄舵、水手、旗丁、纤夫、商号都已经不在。

我们坐着车在多条横跨汉江的桥上来回穿梭，恍惚间以为来到了斯德哥尔摩——那个由无数个群岛和半岛组成的水城。跨南北两岸的郧阳城区被蜿蜒的河水切割为好几个突出的半岛，眼前的景观带给人变幻万千的空间感受。水与陆相互拥抱、依偎、交融。平坝浅湖、高坡阔湖、浅丘深丘，各种复杂的地形地貌都被流水修剪出光滑的轮廓。柔美又可爱的岸线，与平和柔顺的汉水相得益彰。城区绿意盎然，像是由诸多滨水公园组成的群落。许多小丘陵镶嵌入城区内，小丘上树木恣意生长，林间水汽弥漫。穿行其中，感觉似乎下一秒就会有小鹿从雾气中跃出。

与柔美的自然景观形成对比的，是粗糙的人工建成环境。自发生长的城区多为低密度住宅，新建的高层楼盘则密集地在江岸边耸起。站在制高点俯瞰全城，城市像是稀树高草的非洲草原。江边的高楼与城市设计原理相违背，我们只能从楼宇的缝隙中窥到一隅江面。只看这些建筑的话，是不能让人产生地域联想的。眼前的小城，和非洲的内罗毕、拉美的利马，或者东欧、中亚的某个城市，都没有太大的区别。现代主义批量生产"方盒子"建筑，再发货到全球。这无可指责，工业流水线造城的背后，是普适、均质化的生活方式。恪守古典个性在城市化滚滚洪流面前并不现实。

如今的郧阳是没有古迹的古城。最老的建筑无非是 20 世纪六七十年代建造的红砖房。这是一个典型的建造在低丘缓坡上的山地城市，我们骑着共享电动车参观这个立体的城市。和很多山城类似，高低起伏、依山就势的建筑创造出了各种空间趣味。见缝插针的公共空间生成各种形态。我们路过了一个小区，里面小广场的地面竟然是倾斜的，像个供人即兴表演的舞台。

江边的一处高端小区是一家近几年以足球而闻名的地产商所建，楼盘广告语"汉江 C 位，别墅洋房""大江大河大平层"体现了地产业最后的坚持，让人感到即便是夕阳行业，在气势上也不能输。小区门外有一处大型观景平台，从滨江路盘旋而下，足有好几层，直抵江边水面。观景台上同时修建了步道和自行车道，尽可能让人人都亲近江水。开发商先是用楼盘替换山野，在获取财富后又创造出欣赏自然环境的平台，这真是体现了开发与保护的微妙关系。

对于这片生态敏感区，我们该如何进行规划和建设？城市规划的理论脱胎于工业大生产，而后又被糅入自由市场的元素，形成混血的框架。在实践中，以经验性的技术指标为核心，点缀上国际先进理念和美学的佐料，最后经由话术包装，形成一套空间生产的标准化的流程，服务于土地开发和资本增殖。

在这一套流程之外，我想我们还是需要更加深入地理解这片土地。我曾经见过一位国外规划师，他每做一个项目，都会在项目所在城市待上一周，不是工作，而是在大街小巷逛街、散步、喝咖啡、骑自行车，深入体验当地人的生活。这种工作方式对我们来说是无法复制的。蜻蜓点水、浮光掠影的调研，匆忙的工作节奏，繁杂的事务性工作以及无意义的返工折腾，已经让我们失去了理解闲适生活的能力。脑海中的想象力干涸，我们无法进入当地人的生活，实现共情。在甲方乙方、合同与产值之外，是否还存在着与他者相互理解的可能？而规划又是那么重要，规划方案中轻飘飘的一句话，可能会带来翻天覆地的城乡巨变，一张图纸甚至会影响成千上万人的命运。在这里观察河与岸的演替时，我们也应进行自我发现——同时保持自我审视与怀疑。

又一次来到郧阳是刚过完年的时候。在骑着电动车溜达了半个城区后，我钻进江边小巷。小巷两侧是依地势错落分布的农家院落。我正站在一个农家小院上方。小院三面建有房屋，红砖灰瓦坡屋顶，院里种有一棵大树。院门正对着大江，框住一方泛着白色微光的江水。农家的院墙上晒着白萝卜干，排成长长的一列。从院落到河边的江滩上是见缝插针平整出的微型梯田。下午时分，从北岸望去，不知是因为雾霾还是逆光，雾蒙蒙的江面烟水迷离，有些许曾被流放汉江流域的北宋画家王诜《烟江叠嶂图》的神韵。

虽然并非周末，但还是有不少人在江边徜徉。汉江大桥下有一些儿童游乐设施。旁边的码头停靠有几艘游船，一只巨型大黄鸭孤零零地躺在水里。这些景象和各地的人民公园、儿童乐园并无二致。但开阔的江面、对岸壁立千仞的天马崖，却构成了不一样的环境氛

早春时节的汉江，烟波浩渺，水岸朦胧

围。这当然是个可以怀古的地方。江水宁静，风声如楚歌，历史云烟悄然浮现。历史学家威尔·杜兰特在《世界文明史》中为文明下了这样的定义："文明，就是流动在河岸中间的河流……文明的故事，就是河岸上发生的一切事情。"

如今这里是华北平原的大水缸，我所在的城市中，每一滴自来水就有七成来源于此。我们千里迢迢逆流而来，到了这个或许最为清洁的水源地。这里不是终点，而是文明的源头。面对他者的水土，我一直保持真诚，试图走进对方的内在世界，但在这个过程中，或许已经有太多的真实没入水底。

早春二月，乍暖还寒。慵懒的阳光洒在江岸上，又没入飕飕的冷风中。江边的人们穿着厚厚的羽绒服，缩着脖子张望，在等待春天的真正来临。

水中巨人

沿着一条卵石铺就的小路，我信步来到江边。早春二月的江水呈墨绿色，冬日的凛冽与初春的温柔共存。近处清澈见底的浅流微波荡漾，有如迷你海浪般轻抚江岸，拍打出微小的浪花。农历年尚未结束，清冷的天空中飘着零星的雪花。空中没有一丝风，雪花缓缓地垂直落下，散入水中。野鸭和鸬鹚成群聚集在水面，随波起伏。偶尔有一只水鸟飞起，其余的便纷纷跟上，逐次形成一队升入空中，继而在宽阔的水面上盘旋往复。

丹江口，我在到达这个城市之前，就已经通过媒体报道在脑中形成了关于它的最初的意象。南水北调中线工程的源头、丹江口水库、丹江口大坝……城市本身的概念已让位于这些更为响亮的名称。早上搭车沿着水都大道向前，穿过新城区，接着开上连接两岸的大桥。这时，向左侧望去，屹立于江上的丹江口大坝，好似一堵硕大无朋的墙，将汉江拦腰斩断，也为观看者的视野设置了边界。大桥右侧的汉江下游，水中竖立着若干巨型水利机械。整个城市给我的最初印象是一个巨型的施工现场，这种意象恰如这座大桥的名字——施工大桥。这座大桥最初的建造目的，便是为丹江口大坝加高施工提供运输物料的通道。随后，大桥继续服务于移民安置和城市的生产活动。近些年来，城市建成区也借助大桥从汉江左岸拓展到右岸，面积翻了一番还多。

这是一座既古老又崭新的城市。与汉江上游的郧阳古城类似，位于此地的均州也是一座千年古城，在历史上留下过浓墨重彩的一笔。但在半个多世纪前，随着丹江口水库的修建，均州古城和郧阳古城一起没入水中。水利工程往往会造成城市与自然空间的更迭变迁。大坝下闸蓄水后，上游有大量城市与乡村被淹没。而与此同时，巨型水利枢纽也会带动一批新的城市兴起。最典型的如河南省三门峡市便是因建设黄河三门峡大坝而形成，被称为"漂来的城市"。与之稍有不同的是，丹江口市有着新与旧的双重身份，城区的一砖一瓦，都是近半个世纪内出现的。均州古城虽然沉入水底，但厚重的历史在城市的细节中挥之不去。一些古老的地名，如今依然在路侧的标语、隧道口的名字、商铺的名称等各个角落若隐若现。

如今的丹江口大坝，在发挥着灌溉、发电、防洪作用的同时，也是一处3A级旅游景区，是小城为数不多的景点。这个景区看起来更像是一座产业园区。进入其中，步行一段距离，便进入游客休息室，里面有两台电视反复播放着央视的南水北调纪录片。等这里的参观人数凑够后，工作人员便带领大家开始参观。观光之旅的起点，是一座数米高的水轮机转轮，上面略带锈迹的金属构件提醒我们，大坝虽为土建工程，但内核是沉甸甸的工业文明。一行人沿着河岸逐渐走近大坝，可以看到少许水流从大坝的狭窄洞口涌出。青绿色的水流翻涌出白色的浪花。水量虽不大，但走到近处，也会听到巨大的轰鸣声，感受到飞溅的水滴。带队参观的工作人员显然猜到了一些人的想法，便说："经常有人说想看泄洪，问我们能不能开闸泄洪。我告诉你们啊，不管谁来了，现在也不能开。你们想要看，八九月份来，看到的概率最大。别看现在水小，到那时候都是惊涛骇浪。"我的脑海中不由得浮现出泄洪时的情景：上游水库因蓄水承载的高压瞬间得以释放，水流顺从于地心引力，一股脑倾泻而出。巨浪淹没一切，吞噬一切。看到这样情景的人会明白诗人戴安·蒂尔将异域文化冲击比作泄洪的意义——异域的景象、声音和气息，一切元素如奔流的洪水将我们卷入其中，狂风暴雨般浸没我们的内心。

大坝上写着"丹江口水电站"几个大字——据说临摹了郭沫若的书法。几个工人站在大字下，他们的身高与高耸的大坝形成强烈对比，让后者的巨大更加凸显。混凝土坝体远观有如城墙，但显然从没有这样高的城墙被建造出来。这个代表着工业文明的巨兽，充分又肆意地展现出宏大、简洁、粗粝的工程美学。从古至今，巨型构筑物都是人类意志在大自然面前的集中表达——从巴比伦空中花园，到埃及金字塔、我国的万里长城，以及传说中通天的巴别塔，一直到科幻影视中呈现的未来巨物。阿兰·德波顿在《幸福的建筑》中说："我们易于被巨大建筑打动……是因为它们能弥补我们的无能。"人类意识到自身的渺小，需要制造一个巨人来进行崇拜。这些巨人拥有人类个体远不能及的能力。排江倒海，逆推水流，大坝更是寄托了人类挣脱大地引力束缚的渴望，是人类靠前沿的科技与集体的协作打造的乌托邦。

大坝一侧的山崖上，刻着巨大的南水北调中线的地图。一条巨型的白色线段宛如银河，若干城市散落其中。一千多千米的路线的终点落在一个巨大的五角星上，那便是北京。随后我们来到大坝脚下。此刻抬头仰望，大坝表面看上去像是考古现场挖掘的土地剖面——不同年代修建的坝体因材料不同呈现出不同的色泽。不断层叠的坝体直观体现了新与旧的关系，像是历史的年轮呈现于眼前。尔后我们步入大坝内部，里面的空间出乎意料地复杂，各种通道、房间、设备散布，甚至还有垂直起降的电梯。我们沿着蜿蜒的地道上上下下地摸索前进，像是在重复当年地道战的场景。走了好一会儿，才从另一个出口走出。此刻，在刺眼的光照下，灰色的大坝像是粗野主义的混凝土墙体，显得有些不真实，让人联想到大地艺术家克里斯托夫妇的巨型包裹艺术。大坝像是由一块巨大的灰布包裹的巨物，里面可能是一座综合体，也可能是一座巨型雕塑。而大坝本身何尝不是一种包裹？它一面挡住水流，托举起碧波万顷的丹江口水库，把宽广的汉江水域包裹其中。另一面，它又把下游的城市包裹，城市的边界止于此。在大坝眼里，城市或许更像是一个被它怀抱的婴儿。

作为游客，我们无法搭乘内部电梯登上坝顶，只能搭乘商务车，沿着蜿蜒的道路来到大坝之上。在爬升过程中，窗外的大坝显得浑厚深沉。灰色的水泥坝体与橘红色的升船机等附着设施的色彩对比鲜明，更像是一件巨大的公共艺术作品，体现出一种北欧式的简约与冷淡。

我们站在大坝上，向北侧俯瞰便是一望无际的丹江口水库。这是南水北调中线的水源地，水极为清澈，农夫山泉也在此采水。水面没有一丝波纹，平滑如镜。放眼眺望，目光所及之处皆为世外桃源，不见任何人工建筑和构筑物。水中有一些岛屿或半岛，岸线被水流冲刷成柔和的曲线。威尔士诗人 R.S. 托马斯在《水库》一诗中，把水库比作"一个民族的潜意识"。而此刻我们脚下的水面，是汉文明的发源地。沧浪之水承载着的文明记忆，此刻皆潜入水下。大坝修建后，汉江上游的每一滴水，都在此处做了选择：或是进入水库，作为优质水源一路向北被输送到京津；或是流过大坝，沿着汉江一路汇入长江。水的命运就此南北分野。

站在大坝之上，我们能充分地感受到自然如何臣服于人类。大坝是人类雄心的容器，从美国的胡佛大坝到我国的三峡大坝，都是现代文明征服自然的见证。对于从农业社会步入工业社会的人们来说，巨型水利工程是充满诱惑的。刘家峡、三门峡等一大批水利枢纽的建设，为工业化的起步奠定了基础。特定年代人定胜天的豪情、炽烈的革命热情和改天换地的梦想，也被浇筑在这些基础设施之中。巨型水利设施有如工业文明的宗教，水坝在泛滥如猛兽的河流之中真切地矗立起来，替众人驯服桀骜不驯的激流。这是在没有神的世界里造出了一个具体的神。人们对拔山超海之力的幻想有了依附的实体，个体在动荡的环境面前获得了空前的稳定感。而由水利枢纽衍生出的城市更像是一个神谕。站在大坝上俯瞰城市，人们在工地上热火朝天地劳动的景象浮现在眼前，突然觉得肉体的艰辛之上是精神在朝圣途中的跋涉。如今，不断浇筑的混凝土还在把大坝加高培厚，这个巨人的身高已经超过吴淞零点 176 米。作为一种特殊的巨型建筑，大坝具有雄伟壮观且独特的美学特征，开创了一种新的建筑美学形式，也代表一种新的造城模式。在 20 世纪 60 年代，肯尼斯·弗兰普敦首先提出"巨构"（megaform）的概念，尔后日本新陈代谢学派同样提出"巨构"一词。两者的内涵有所不同，但均提出巨大的建筑物会拓展出新的城市尺度，塑造新的空间形态。

我曾经站在许多城市的制高点俯瞰全城，而在大坝上则是第一次。从坝顶向南望去，汉江两岸的新老城区对比鲜明。水利工程是把握这座"中国水都"历史的主线。这是一座由顶层设计形成的城市。左岸的老城，是丹江口大坝这一国家工程的衍生物。20 世纪 50 年代末，丹江口大坝开始建设，均州古城在蓄水后被淹没，在丹江口大坝左岸的沙陀营聚集了一些搬迁居民。同时，参与大坝施工建设的十几万劳动力也在此落脚安家。丹江口市老城区就此逐渐形成。这是一种特殊的城市生成模式：城市从工地开始发展，施工设施、生产设施和服务设施逐渐填充建设用地。从生产空间到生活空间，城市逐步形成。第一版的城市总规划也将城市定位为"水利枢纽性质的小城市"，而最新的城市规划已经将其拓展为"以水资源保护与利用为特色产业的、宜居宜业宜旅的生态滨江城市"。

汉江右岸的新城，则是新世纪南水北调中线工程的产物。作为南水北调工程的起点，城市的水利枢纽地位不断凸显。伴随着大坝的不断增高，城区在右岸同步拓展，如今，新城依旧在建设之中。从区域干道进入城市，首先进入的便是新城。这座新城和各地司空见惯的新城类似，住宅楼高耸林立，一些异形建筑作为地标被建造起来。市政道路则以南水北调中线工程沿线城市命名：郑州路、石家庄路、天津路、北京路……大坝是城市的起点，城市亦是广义的大坝，依然在按照凯文·林奇在《城市意象》中提出的规律进行拓展：更大的空间结构、更长的感知过程。

　　大坝作为特殊的人造物，经常因其基础设施的属性而被忽视了景观价值。凯文·林奇提到过，大坝可以为城市带来水资源，同时也会带来更多的景观元素，能增强城市的形象和可视性。19世纪末，奥姆斯塔德在波士顿翡翠项链方案中，就将防洪、排水工程和城市规划充分融合。对于丹江口市来说，城市的意向和风貌都与大坝有着千丝万缕的关联。雷姆·库哈斯提出过城市空间来源于基础设施空间的理论，而丹江口正好是印证这一理论的绝佳案例。大坝构筑了城市生态体系的重要底板，也是城市最具特色的景观要素。还有一些学者认为，大坝可以为城市带来更多的公共空间和社交场所，促进社交活动和人际互动。也有学者认为大坝除了具有各种市政功能外，还有充当娱乐空间的功能。眼前的这座大坝还是封闭的景区，尚未能作为完全的开放空间融入城市。几十块钱的门票，有限的观光时间，让这里更像是小众的旅行打卡地。不过我们可以大胆地想象一下，在未来的夜色中，是否会有市民在大坝之上集体跳起广场舞？

　　这个问题并不好回答。但当我们展望城市的未来时，发现它依然藏在大坝脚下。最近，"数字孪生丹江口水源工程"正在大规模建设，仿真分析模型构建了虚拟的丹江口大坝。大坝的每一块砖、水库的每一滴水，都被用字符在虚拟世界中建造了出来。中心机房距离大坝不远，其使用的电力也来自大坝。水利基础设施曾构筑了城市建设的底座，这一过程在虚拟世界中再次发生：数字孪生丹江口大坝或将拓展为数字孪生丹江口城市。在未来的信息场域中，大坝要再一次引领着城市，向新的文明阶段进发。

北方有茶

我曾站在北京清河的一栋高楼上俯瞰京藏高速，当时有点疑惑：西藏应该是在北京的西南方位，为什么这条路通向北方？后来发现这是对历史的一种延续。这条路源自秦汉时期的"上谷干道"，北京自元代开始成为国都之后，从京城至塞外、西域乃至青藏，都取道于此。偶尔想起《看不见的城市》里马可·波罗对忽必烈汗讲述去往元上都的大道上的情景："黄昏来临，雨后的空气里有大象的气味……"他来北京的时候大抵走的就是这条路。直到今日，从西北方向出京也要出居庸关、八达岭，进入怀来，经过东花园、沙城、新保安、鸡鸣驿、下花园、宣化，再到张家口主城区。在遥感影像图上，从张家口到北京的主要城镇，都分布在这条重要的通道一线，形成密集的带状城镇群。

位于北京西北方位的张家口，在历史上一直是京城出塞的关口，是北京的北大门。《明统志》对其有这样的描述："前望京师，后控沙漠，左抱居庸之险，右拥云中之固。"在漫长的年月里，从张家口出发去往草原深处的路，是一条非常国际化的商道。在19世纪，常年有几十万头骆驼在这条大道上往返，在渺无人烟的地方画出了最密集的交通线。这便是张库大道，一条穿过蒙古草原腹地，到达库伦（乌兰巴托）并延伸到俄罗斯边境口岸恰克图的商贸线。这条古商道始于明，盛于清，持续数百年。今天从北京出发经乌兰巴托到莫斯科的中蒙俄国际铁路大动脉，从某种意义上说也是张库大道历史的延续。依托这条国际商道，张家口成为华北最大的对俄蒙贸易中心、商品集散地和金融中心。各地的商人从张家口出发，赶着牛马和骆驼，成群结队地穿越草原，深入大漠，直达俄国西伯利亚地区。作为张库大道上最重要的城市，在穿梭于欧亚的商人心中，张家口不啻一个世界的中心。

不过在那个年代，如果问去往张家口的路，别人会给你指路去往宣化府。如今只是张家口市一个辖区的宣化，历史积淀远比因商埠扬名的张家口深厚。作为历史上中原政权与北方游牧民族对峙的前线，宣化一直是边防重镇。有明一代，宣化设宣府镇，与大同同为边塞最重要的军事要地，合称"宣大"，由朝廷直接管理。宣府有"京师锁钥""神京屏翰"之称，号称"京西第一府"，是京城通往蒙古草原和山西的必经之地和交通枢纽。蒙古的瓦剌、鞑靼经宣府入侵明朝,明末李自成也从宣府直取京城。而当时的张家口只是边境上一个普通的土堡。

位于宣府西北六十里的张家口一带,在明代时开启了与北方少数民族的互市。《察哈尔省通志》在描写张家口茶马互市的情况时,仍然先提到宣府:"宣府来远堡贡市,拓中为城,规方阓地,千货坌集,车马驼羊毳布罽瓶罂之居。"随后张库大道形成,贸易取代战争成为边塞城镇发展的动力。宣化虽仍为府城,但张家口地位直线上升,取代其成为区域中心城市,最终,宣化成为张家口市的一个城区。

今天的宣化古风依旧。历史上宣化府最重要的三座城楼清远楼(钟楼)、镇朔楼(鼓楼)和拱极楼(南门楼),如今沿着城市最繁华的商业街一字排开,自北向南构成极具震撼力的轴线。镇朔楼上苍劲有力的"神京屏翰"四个字,提醒着人们这里曾是京城最重要的北大门。而清远楼和拱极楼南侧皆"昌平门"。昌平,意为昌盛平安,也让人想起北京那被称为"京师之枕"的昌平区。此时此地,恰如彼时彼地。

城市的竞合,一直是军事、经济和政治的多重博弈。从宣化府到宣化县再到宣化区,具有深厚历史底蕴的宣化总与张家口上演着双城记。在拱极楼前拍照时,一个中年男人问我是哪里来的。当知道我是从北京来的之后，他说："京城来的，天子脚下啊。"我说，你们这里不也是拱卫京城的地方么。他说："那确实是我们宣化。现在也有游客来我们这儿了。逛完我们这儿之后，你也可以去那边的张家口看看。"从宣化搭乘城际公交，半个小时就能到"那边的张家口"。一路上可以看到规模巨大的化工厂，以及断断续续的仿古长城。

如果选出一个地点来代表张库大道，那必然是大境门。张家口市区北边的大境门，浓缩了数百年来内地与塞外、中国与欧洲的通商史。大境门一直伫立在这里，看着千百年来川流不息的车马和驼队，看着熙熙攘攘的人群为利来为利往。作为张家口的标志性建筑，大境门与山海关、嘉峪关、居庸关并称"万里长城四大雄关"。与其他三大关口不同，只有大境门以"门"命名。相比具有防御、封闭意味的"关"，"门"更体现出一种开放、交往的意义。让大境门名扬四海的是互市贸易。元朝灭亡，蒙古各部退居草原，史称"北元"。回归了单一、脆弱的游牧经济后，蒙古各部常到长城沿线掠夺生活物资，在边境引发旷日持久的冲突。宣大一线是战争的前沿地区。直到统一了漠南蒙古各部的达延汗首次开始与明朝通贡互市，双方才进入了和平贸易的时期。在"隆庆议和"后，达延汗的孙子俺答汗推动蒙古草原与大明王朝实现了常态化的"茶马互市"。大境门外元宝山一带形成了称为"贡市"和"茶马互市"的边贸市场。

美国作家艾美霞在《茶叶之路》一书中对茶马互市有这样的描述："如果鸟瞰公元 1578 年时中国的万里长城，你可以看到这一年有四万匹马穿过张家口的城市向南进入中国，同时还可以看到银两、谷物、布匹以及铁质容器以相反方向从中国向北流入大草原。"明代文学家穆文熙有诗一首记录这里的茶马互市："少小胡姬学汉装，满身貂锦压明珰。金鞭骄踏桃花马，共逐单于入市场。"诗中"单于"指俺答汗，而"少小胡姬"就是他的夫人三娘子，她一生力主和平互市，受到双方人民爱戴。至今大境门处还立有三娘子庙，以作纪念。

如今的大境门始建于清顺治元年，青砖墙体，拱门蔚为壮观。门洞上的"大好河山"四个字为民国年间察哈尔特别区都统高维岳所书，字体为颜体，浑厚有力，气势磅礴。四个字为回文，反过来读的"山河好大"也颇有意味。

茶马互市开启了张家口对外贸易的先河，也带动了边塞地区经济的发展。《无蒙园集》这样记载："六十年来，塞上物阜民安，商家辐辏无异于中原。"大境门外，商号店铺如雨后春笋一般出现。清代户部尚书王鹭，在为《马市图》所作序中称这里"百货纷集"。来自汉地的商贩，携带茶叶、丝绸、布匹、米面、纸张、红糖、药材、瓷器、铁器等，与赶着牛、羊、马、驼，带着毛毯的草原牧民们进行自由贸易。从大境门出塞外开展贸易活动的商人被称为"跑口外"的，也日益增多。

从大境门出发向北，是漠南蒙古各个盟旗，再往西北可达漠北蒙古的乌里雅苏台、科布多等军事重镇，还可翻越阿尔泰山进入新疆。一路往北，可直达库伦、恰克图，再穿越西伯利亚直至莫斯科和圣彼得堡。大境门作为张库大道的起点，开启了历经四百余年的"草原丝绸之路"的序幕。作为国际贸易的前沿，当年这里的繁华景象可想而知。民国六年（1917）仅大境门一带的商店和客栈就有1500多家（当时张家口市区里商店共7000家）。民国十七年（1928），仅大境门外市场营业额就高达1.5亿两口平银，输出的茶叶有40万箱，马近10万头，羊100多万只。

大境门是贸易的前沿阵地，但贸易的大本营还在堡子里——昔日张家口最繁华的老城厢。用现代的话来说，大境门相当于交易市场，而堡子里相当于总部基地。堡子里又称张家口堡，是张家口城市发展的原点。这里最早是这个边塞城市的军事堡垒，随着城市成为商业重镇，各路商贾云集于此，开商铺，筑宅院，将这里变成了高档的商贸住宅区。

从大境门坐公交车去堡子里，经过的站名都颇有古意：通泰桥、朝阳洞、蒙古营、玉带桥、明德街。而一旦进入堡子里，更是瞬间就进入了历史之中。这里至今仍有二十条街巷、四百多个院落保持明清时期建筑的原有格局，被称为"明清建筑博物馆"，是全国城市中保存最为完整的明清建筑群之一。鼎盛时期，堡子里的票号、商号多达1600家。通过茶叶之路开展贸易的诸多茶庄，如大德玉、大涌玉等都把总号建在这里。从一些气势恢宏、装饰精美的古建筑，可以依稀看出商号当年的辉煌。山西风格的单檐屋舍、精美的砖雕石刻，都记录着这里的流金岁月。

"旧时王谢堂前燕，飞入寻常百姓家。"张库大道衰落后，富商纷纷搬走，大户人家早已不在。如今这片老城区已成棚户区模样，住户是比较贫困的居民，以老人和外来务工人员为主。许多房屋年久失修，基础设施较差。据当地人讲，家里有条件的都搬到新城区的商品房小区了。站在堡子里最高的玉皇阁上俯瞰，大片老房子与远处新城的高层建筑对比鲜明。堡子里繁华不再，尽显破败与沧桑。

清末民初是作为贸易重镇的张家口最后的辉煌期。随着京张铁路、张库公路的开通，这里的商贸业发展到顶峰，张家口成为国际性的贸易中心、我国北方最大的茶叶出口基地和皮毛集散地，获得了"旱码头""北方茶都""皮都"等一系列称号。民国初期，张家口七万居民中七成都是商人。商业贸易和物流业的发展，进一步带动了金融机构的集聚。清末民初，张家口有42家钱庄和票号，进驻的外国银行有44家。如果在今天，这里就相当于香港的中环、上海的陆家嘴。在堡子里随处可见洋行和银行的旧址，可以想象当年中外商贾云集、天下财富汇聚的情形。当时这里是除上海和天津

堡子里街头的老字号招牌，在不经意间流露出了茶叶大道的历史

外的又一个国际商贸中心，被称为"华北第二商埠"。

张库大道为这座城市的历史涂上了浓墨重彩的一笔。很少有人能想到，在内陆的边塞，能诞生这样一个具有国际影响力的城市。当时美、日、英、俄等国相继在此设立领事馆和办事处。打开民国时期的英文地图，会发现一个叫"Kalgan"的地方。和大多数国内城市的英文名由汉语拼音或韦氏拼音翻译不同，张家口在国际上有着自己的专属称谓"Kalgan"。这个词来源于蒙古语词汇（历史上蒙古人称其为"卡拉根"），而俄国人叫它"卡尔甘"（Калган），这个名字如今在俄罗斯和东欧国家仍在使用。

昔日的繁华反衬出日后的没落。在19世纪后半期，俄国侵入中国，在汉口等地大办机械化茶砖生产企业，俄商进而开通并主导了海上茶叶之路，对张库大道及陆上茶叶之路形成严重挤压。进入20世纪后，西伯利亚大铁路的开通更加强化了俄商在商业通道上的主导优势。在政治上，先是蒙古独立，然后是苏联建立后的中苏断交（1929年）。在20世纪20年代，国际关系的恶化导致中国在蒙苏的四百多家商号损失上亿两白银。众多商人被迫离开，贸易网络中断，张库大道名存实亡。根据张家口文史资料的记载，当时"张垣商务一落千丈"，"民国二十年（1931），张家口市内的店铺只有三五家，一二人看守门户而已"。随后日本大规模侵华，张家口一度沦为伪蒙疆联合自治政府的首府，昔日的商贸辉煌不再。

商道的改变对以贸易立市的城市打击最为严重。这样的故事并不陌生。在中世纪，土耳其帝国的兴起切断了先前的东西方贸易之路，直接导致了地中海沿海的商业中心威尼斯、热那亚的衰落。新航道的开辟又在大西洋沿海催生出新的贸易中心城市里斯本、塞维利亚、阿姆斯特丹。随着张库大道成为历史，商道沿线的一些城市如今已经消失。张家口还在，但历史地位一落千丈。从当年华北首屈一指的国际商埠，到如今河北省内的三线城市，张家口一个世纪内的地位变迁让人唏嘘。卡尔维诺曾在《看不见的城市》里说道："区分城市为两类：一类是经历岁月沧桑，而继续让欲望决定自己形态的城市；另一类是要么被欲望抹杀掉，要么将欲望抹杀掉的城市。"北方曾有茶路，城市与茶叶贸易带来的财富的欲望互相成就，也一并消失在岁月中。

从堡子里向东南方向过清水河，再走上几百米，就到了京张铁路终点——张家口站。如今张家口又有了南站和沙岭子站，原来正牌的张家口站已经被当地人称为北站，并从 2014 年开始停用，不再发车，只提供售票业务。站台上，百年老站的建筑仍在，但却无法进站参观。而城市的南站正在紧锣密鼓地建设着，站前詹天佑的雕像，似乎也在继续回望着这座城市的百年沧桑。[1]

---

[1] 本文写于 2018 年，时京张城际高铁尚未建成通车。

在火山与草原之间

从事城建工作久了，免不了囿于城市与自然二元对立的思维：都市是充斥着欲望和喧嚣的人造物，远方的野地则显得分外诱人。偶然在《中国国家地理》杂志上看到察哈尔火山群，才发现北京附近竟然还有火山，而且还是成群的活火山，于是便在一个周末坐火车前往。

傍晚从北京站出发的慢车，仅仅三百多千米就要开整整一夜。在如今的高铁时代，这样的夜间卧铺已是罕见。躺在车上，听到车轮撞击轨道发出有节奏的声响，时间似乎重新慢了起来。第二天清晨到达集宁站，迎接我的除了内蒙古高原的寒气，还有蒙晋冀（乌大张）长城金三角合作区的巨大宣传牌。在东边的京津冀、西边的呼包鄂纷纷抱团之际，乌兰察布、大同、张家口这三个边缘地市，凭借相近的地缘关系再次走到一起，抱团取暖。

我从集宁南站搭乘一辆绿皮火车，进入草原深处。距火山最近的一站叫乌兰哈达，票价8.5元，需一个半小时。火车一路走走停停，在牧区的每个苏木都要短暂地停靠。苏木是内蒙古特有的行政区划，相当于乡镇。草原上的苏木规模都非常小，基本上和华北的一个小村庄差不多。如今草原上的牧民都已经将草场进行了划分，类似于内地农村的分田到户。牧民们也告别了游牧生活，不再住蒙古包，而是住在集中的村庄。

从时刻表上看，火车过了集宁之后，除了一个芦家村，途经的站名皆为蒙语：巴彦郭勒、德日斯图、郭尔奔敖包、齐哈日格图……车上不少乘客都是去牧区的蒙古族人，耳畔常能听到蒙古语对话。我旁边的一个中年妇女，像是草原上的牧民，上车后一言不发。过了一会儿，她拿出一支口红，用车窗当作镜子，仔细地化妆。车票一直被她攥在手里。我瞥了一眼，她去的是草原深处一个有着很美的名字的小站，叫乌兰花。

火车驶离集宁后，窗外的农田逐渐变为草原。铁路沿线房屋墙上的标语，也从"精准扶贫到户，发展产业脱贫"，变成了"加强草原保护，遏制草原退化"。这里的草原和我在蒙古国牧区所见类似，不过频频出现的高压走廊和信号塔，则反映出内蒙古牧区更优越的基础设施。我在察哈尔右翼后旗政府驻地白音查干时，出租车司机介绍说，从那里往东往南的商都、兴和、集宁等地的农村多为耕地，往西往北的察哈尔右翼中旗、四子王旗等地则是牧区为主。

如今的农牧过渡地带，比历史上长城一线向北移动了数百千米。草原上风大且寒冷，时值 5 月，火车里还有暖气。窗外草原上矗立着风力发电机群，这里的风速可想而知。后来我在察哈尔民俗博物馆看到一幅老照片：清末的一位商人在草原上推着带有风帆的独轮车前行。联想到如今的风力发电机组，草原上的能源利用技术似乎有了一种跨时空的传承。

火山在内蒙古并不罕见，呼伦贝尔、兴安盟都有大规模的火山群。但那些火山大多被林海覆盖，人们很难直观感受到火山的形态。而察哈尔火山群坐落于一望无垠的草原上，非常适合以普通人的视角去观看欣赏。察哈尔火山群分为两部分。一是乌兰哈达火山，是由熔岩流等喷出物围绕着火山喷发口堆积而成的山丘，火山锥高耸于地面。二是黄花沟火山，是相对宁静的玄武岩喷溢形成所谓的夏威夷式火山：岩浆溢出后火山口塌陷，继而积水成湖，形成当地人所称的"海子"。乌兰哈达火山因为优美壮观的形态更为人所知。雄壮的火山矗立在茫茫的草原之上，形成了独特的景观，非常符合人们对火山的想象。

过了白音查干后，火车的下一站是乌兰哈达。在这个草原上的小小聚落，村居皆为相似的红砖平房，院落要比华北的农村大不少，或许这是为了满足畜牧的需要。我从火车跳下，便浸入凛冽的寒风之中。这里距北京谈不上有多么遥远，但我在心理上似乎来到了边境。在北方的原野上，还有多少个这样的小村庄？我和这些小地方只有一次偶然的相遇，注定是一期一会。小站甚至没有出站口，我随着几个刚下车的牧民沿着铁路线往南走了一段，就从小路出了站。

村子清冷，寂静，几乎看不到人影，像是被遗忘的世界。一个看上去像学校的院子里已杂草丛生。从村口树丛的间隙中眺望，看到远处地平线上缓缓隆起一道弧线，那便是火山。草原上的火山景观让人有一种非常浪漫的想象。在广袤无垠的原野上，喷发的火山以极致狂野的模式改变了地形地貌。在漫长的地质年代里，在风尘和雨水的作用下，火山锥被抹去暴烈，打磨出温润，成为一件大地艺术品。在一望无际的草原上，火山的形态完整真切地展现出来，与平缓的地平线形成强烈的对比，令人震撼。

乌兰哈达火山群被发现得很晚。直到 2012 年，来自北京的地质科考队才发现这个内蒙古高原南部唯一在全新世喷发过的火山群。火山群主要由八座火山组成，由东北向西南一字排列，长度达十几千米，从高空俯瞰像是散落在大地的一串念珠。当地人给 1 号到 8 号火山分别起了名字：红山、火烧山、北炼丹炉、黑脑包、中炼丹炉、南炼丹炉、北尖山、南尖山。

从村口就能遥望到的是 3 号火山，为中心式喷发的截头圆锥状火山，结构保存良好，形态壮丽而典雅。徒步走过去的距离并不短，"望山跑死马"是草原上的常态。不过这确是非常愉悦的漫步。5月的草原，蓝天白云下绿草如茵，色彩明丽，柔和的阳光洒在蓝紫色的马兰花上，羊群在草原上慵懒地踱步，我似乎也能感受到它们的自由。

慢慢接近火山，才体会到它超乎想象的庞大。观光者们站在火山口，像小蚂蚁般为火山的轮廓点缀了几个小黑点。火山的东南侧已经被挖空，有一种残缺的美。经由登山道一路上行，便可来到火山锥的顶部。耳边狂风呼啸，冻得人直打战。站在火山口的边缘，可以感受到火山口是如此浑圆深大，其内部是一个低洼的盆地，像是一个直径超百米、深达数十米的巨型碗。站在巨大的"碗沿"上，感觉自己渺小得如同来自小人国。据说在战争中，曾有一支部队藏身此处，躲过了敌军的搜索。沿着缓坡下到"碗底"后，顿时感到无风的宁静，一股温热的气息扑面而来。我被大地母亲再次温柔地拥入怀抱。

火山具有典型的悲壮之美，它用短暂的生命，凝固成亿万年的景观。从地质学角度讲，这座火山颇为年轻，上次喷发"仅仅"在一万年前。这一万年的时间里，人类文明开始在草原上繁盛起来，一个个游牧民族兴起又衰落，匈奴人、鲜卑人、突厥人、回鹘人、契丹人、蒙古人……金戈铁马，如潮水般涨起又退去。一轮轮的文明与创造、杀戮与毁灭，天地之间飘荡着无数的游魂，层层叠叠。而此刻，我就在这里，真切地抚摸这火山口，与万年前的地球裂变进行着跨越时空的接触，感觉有些不真切。

火山最能反映自然之力的宏大与人类个体的渺小。地壳深处微小的扰动，对于地表生物来说，便是惊天动地的震荡。想象这群火山爆发的时候：大地排山倒海地晃动，熔岩粒和硅酸盐熔浆猛烈地冲出地面。火焰耀眼，让太阳都显得暗淡。炙热的气体瞬间喷发到空气之中，尘埃遮天蔽日。岩浆与气体喷射到几千米的高空。如同核爆现场一般，蘑菇状的尘云在地平线上升起。继而无数火山石如雨水般倾泻下来。火山砾、岩浆块从火山口如雪崩般滚滚而下，吞噬地面的一切物体。数不清的火山碎屑铺天盖地散射开来，温度超过500℃，速度达到每小时百千米，摧枯拉朽地摧毁周遭的一切。随后而来的是夹杂着泥土和灰尘的暴雨，炙热又黏稠，像泥石流般从天而降，把火山周边全部封存。千百年的文明，繁荣绚烂的城市，在火山的暴戾面前微不足道。看看那些被火山爆发摧毁的城市：意大利的庞贝和赫库兰尼姆、尼加拉瓜的莱昂、萨尔瓦多的霍亚—德赛伦、马提尼克岛的圣彼埃尔……火山喷发，意味着整个城市将瞬间毁灭。千万人口的城市猝不及防地被地火所封印，成为时间胶囊。大地没能克制欲望地爆发，对人类来说便意味着命运的终结。庞贝城的遗迹被挖掘的时候，人们看到古城壁画上有这样一句话："世界上没有任何东西可以永恒。"

经由岁月洗礼，嶙峋的火山幻化出柔美的曲线，火山灰又在各地孕育了农业文明。只是对于活火山来说，你不知道它下次什么时候还会喷发。或许在地底深处，随着地壳的运动，大量的岩浆还在不断喷涌，随时等待着奔向大地。身处火山口，能身临其境地感受到人类在大自然面前的渺小与无助。现代人追求的安全感，不过是地质年代中一个随机的概率，一个小概率发生的事件。控制欲最终需交付于无常。原始的野性从火山口散发出来，磅礴与虚幻的气味缭绕在空气之中，似乎提醒着我们美景终究要湮灭。

不少人在这里捡火山石。在火山爆发时，许多气泡从岩浆中喷出，形成了火山石多孔的状态，看上去像是珊瑚的碎片。石头上细密的孔隙记录着当年烈火的奔流。火山石非常轻，感觉放在水里也可能浮上来，因而被称为浮石。浮石是理想的建筑材料，无需二次烧结就可使用，价格要比做混凝土轻骨料的陶粒便宜得多。火山石富含矿物质元素，根据其所含元素的不同，展现出不同的颜色。最多的还是黑色火山石。3 号火山被挖空的东南侧，大量黑色火山石堆积在一起，使得火山仿佛一个巨大的煤山。我捡起一块石头，似乎是捡起了大地的一部分灵魂。

从 3 号火山下来，穿过国道和高速公路，便来到了 4 号火山。这座火山如今已经造型全无，长期挖矿让锥体早已面目全非，完全看不出火山的形态。远看是几个杂乱无章的土堆，近看则是露天矿场。山顶有一个敖包，记录着人类活动的痕迹。在无人机拍摄的照片上，能完整地看到被挖空了的火山锥体的剖面，像一具被医学解剖的尸体，也像是抽象的艺术画。这里的浮岩和火山渣被批量运往北上广，填入金碧辉煌的会所的墙壁。曾经吞噬世界的火山的遗体被肢解，又被文明世界所吞噬和消化。走在裸露的火山岩体上，脚下尽是灰黑色、凹凸不平的火山岩，宛如行走在外星球之上。月球上的环形山是不是这样？清冷的风呼啸在耳畔，世界没入想象之中。

这座火山并不美观，但由于这里地势较高，非常适合观景，在山顶向东北、西南望去，能够清晰地看到 3 号和 5 号火山的形态。眼下这里正在建设展览馆和火山公园的游客中心。随着栈道的建设和路面的硬化，游客将会蜂拥而至，自然环境也会有越来越多的人工痕迹。迪士尼乐园是人们把玩自然的终极形态，火山最终会被收入博物馆的橱柜之中，像文物一般让游人们隔着厚厚的玻璃观赏。

4 号火山往南便是火山群里保存最为完整、最高大的 5 号火山。在火山喷发的后期，由于压力减弱，火山口里又形成了小火山锥，因此 5 号火山远看像一座马鞍，轮廓线如同轻柔的海浪。走近火山能够看到地质运动留下的清晰的纹理。这座火山很难攀爬，但上面留下了冲上去的越野车的车辙。

绕过5号火山，可以继续远眺到由近及远的6、7、8号火山。其中6号步行十分钟即可到达。这座火山的表面已基本被挖空，看起来像是一座黑秃秃的煤山，并不美观。7号和8号火山极为相似，都是尖顶的火山，被当地人称为"北尖山"和"南尖山"。此刻除了我之外，整个草原空无一人，耳畔呼啸的朔风让人清醒，我不由得开始思考人与环境的关系。草原上的火山群是暴力与柔美完美结合的产物，体现出一种独属于北方大地的美学。旷野的火山总给我一种莫名的感动。我曾经试图用美学、景观学或地理学的理论去解释这种感受，但还是无法搞清楚，火山到底是如何在心理上对我一击即中的。个人对于地域的感受是复杂的，而人与人的感受未必能相通。我们对于某种自然要素的情愫，很可能和内心深处的私人记忆有关。这种触动就像是把一个揉乱的线头不断扯下去，拉出了一个童年的玩具、一张少年时的海报，或青年时的某次约会经历。每天都会有前来观看火山的游人，那么下一个有如此这般感受的人会是谁？

　　我只是静静地欣赏火山的形态，但世上有人会用生命去追寻火山喷发的景象。20世纪的法国火山地质学家夫妇卡提亚和莫里斯，便是一对追寻喷发的活火山的情侣。他们因火山而相知相恋，最终也消逝于火山。在关于他们的纪录片里，能看到两个人穿着防护服，以喷发的熔岩为背景翩翩起舞。他们手牵着手穿过火山口，与喷涌而出的熔岩和火山灰擦肩而过。火山见证了爱情、生命与死亡，以及他们一生最炙热的浪漫。他们的结婚宣言是"从此，人生唯有火山"。这对最狂热的火山爱好者，一生纵情于火山带来的惊险刺激，他们在这个地球向外宣泄的通道中与死神共舞。夫妻二人最终在日本的一次火山喷发中失踪，事后人们只找到了他们的摄影机，里面记录着卡提亚临死时的遗言："我见过许多美好的事物，经历过的事让我觉得，自己活了100年。"

日暮时分，我决定就此结束这次徒步火山的旅行，电子地图将我从只有依稀车辙的小道引导到大路上。大路上车来车往，但却不见乡村公交。在一番思想斗争后，我放弃了徒步十几千米回城的念头，做了人生中第一次搭顺车的决定。我当时的内心活动有点复杂，像是第一次约会前的男生在女生宿舍楼下踱步时那样，既紧张兴奋又怕被拒绝。运煤的大车不断经过，看到招手拦车的我后，反而加快速度离去。周遭暗了下来，世界坠入一种毁灭性的寂静。我内心的冲突愈发激烈。

不知道过了多久，一辆老旧的桑塔纳停在我面前。"是去后旗吗？"嘴里叼着烟的司机问我。当地人所说的后旗就是白音查干，但如果外地人想从路上找到去后旗的路标，恐怕是无论如何也找不到的。我点点头上了车，钻进烟雾与灰尘之中，喜悦和紧张同在。车后排坐着两位沉默的老人。司机说今天带着父母走亲戚回来。他问我是从哪里来，到这里来做什么，到了后旗后又要去哪里。我告诉他们我从北京来这里出差，等会儿停在后旗汽车站附近即可，有朋友接。虚虚实实，半真半假。"哦，中央来公干的，类似于《人民的名义》里的侯亮平。"司机喃喃自语道。"去火山看了么？"他接着问。我告诉他我这一整天都在徒步欣赏火山群。他说来这儿看火山的人不多，而且一个人徒步的他还是第一次见。"少得很哩，少见得很。"司机一边说着，一边打开远光灯，车子缓缓没入夜色。

南岛热风

　　在前往三亚的飞机上，东北口音不绝于耳。我突然联想到，当年四野入关，百万雄师一路南下，终点便是海南。航空技术的进步，把当年的一两年时间浓缩为四个小时。不过眼前的流动人口大军，主要是老人、妇女和孩子。伴随着孩子们的吵闹声和家长的训斥声，四个小时后，我们降落在这个与东北有着千丝万缕联系的海岛。

　　"能听出我口音吧？我辽宁的，来这儿三年了。"从机场出来搭乘的出租车上，司机的口音让人感觉到时空的交错。他比我大几岁，有着在全国各地打工的经历，"先是沈阳，后来去南方。从北京去浙江，又去湖南，最后跟着老乡来到这里。"在问到他是否还回去时，他果断地否定："不回去，让我回去也不回。回去干啥啊，这边多暖和呀。你说东北的冬天多冷啊，是不？对，这边是不下雪，不过下雪也就你们南方人觉得有意思，不就是满天雪花呗，我们早看腻了。"

出租车一路向西，在路过天涯海角时，司机指着高速路边的景区招牌，哼唱起《请到天涯海角来》。这首歌在20世纪80年代初红极一时，并出现在1984年的春节晚会上。也就在那几年，中央决定加快海南岛的开发建设，给予当时的海南行政区更多的自主权。1988年海南省和海南经济特区成立，宽松的政策环境，引发了"十万人才过海峡"的热潮。这股热潮在20世纪90年代初达到顶峰。冯仑、潘石屹、易小迪等人是当时最闪亮的弄潮儿。那时的海岛是自由市场的试验田，有着"小政府、大社会"的机制，颇有19世纪美国西部野蛮生长的气象，吸引无数淘金者前来。他们带来了技术、资金和勃勃野心。冯仑对当时海南的印象是"大县城"，从深圳转战海南的潘石屹则赞叹这里的氛围异常自由。整个海岛都是闯天下的企业家，或是冒险家。在20世纪90年代市场经济中大显身手的各路企业家，多多少少都和当时的海南有些关联，无论是经济上的还是思想上的。当时还是复旦大学哲学系在校生的郭广昌，在海南骑行时，就被这里的商业氛围所感染，于是立志下海从商。

在当时的商海中，地产占据最高的生态位。甚至可以说，中国房地产史开端于当时的海南。在房地产业最火的时候，全岛平均每80个人就有一家房地产公司。随着资本的野蛮扩张，房价也在炒作中步步高涨。短短几年时间，海岛的房价就从刚过千元涨到七八千一平——这几乎是新世纪初北京和上海中心区的价格水平。房地产作为那个时期的热门名词，也成为这座岛当时的代名词。随着宏观经济的调整，击鼓传花般上涨的房价终究难以为继。1993年6月国务院发布《关于当前经济情况和加强宏观调控的意见》。在经济"软着陆"的大背景下，海南地产泡沫破灭，资本迅速撤离，楼市随即烂尾。当时的海岛被戏称有三大景观："天涯，海角，烂尾楼。"而最拔尖的一拨弄潮儿，在泡沫破裂之前便已全身而退。他们从这场汹涌的浪潮中，摸索到了规则与边界，逐步构建起自己的商业逻辑，并于日后开始打造自己的商业帝国。冯仑成为万通地产董事局主席，潘石屹在海外注册SOHO，易小迪成立阳光地产。此后，北京上海无数的写字楼和小区被烙上海南的印记。甚至在地产圈之外，许多企业家野蛮生长的基因都能溯源到那个跌宕起伏时期的海南。

"你考虑这边房子吗？我给你说啊，这边是三亚最新开发的城区，整个三亚唯一房价没破两万的地方，考虑考虑，可以入手。"车开入崖州区后，我向司机询问这里的开发状况，他便直接向我推荐起了楼盘。各个楼盘的优劣、今后房价的走向、如何通过补缴社保破解限购的策略，他都非常清楚。"去年限购政策出来之后，房价跌了一两成，现在正是入手的好机会。你说交易？房本几年后才能拿到，那时候才能卖。不过没问题啊，现在建设国际旅游岛，全国人都来，还要大量引进外国人，再涨一两万是迟早的事情。"我脑海中忽然闪现黑格尔说过的话：历史总会重复出现，第一次是悲剧，第二次是笑剧。

宽阔的马路上只有我们一辆车，我们仿佛穿行在一个硕大的、漫无边际的工地之中。道路两侧都是平整好的土地，好似被焚烧清理过的热带雨林。密密麻麻的塔吊如同新的人工林般崛起，挖掘机等工程机械的阵阵轰鸣，好似丛林中野兽的嘶吼。在空旷的城区，傍晚时分总有游客穿着的中老年人在散步。他们一边列队快走一边手舞足蹈，像是在搞一种行为艺术。实际上，他们正在用脚投票参与一座城市的形成。下车时，司机递给我一张名片，正面是他的电话，背面是他能提供的服务，从注册公司、办理落户、人才引进、购置房产到子女入学等不一而足。

房地产依旧是理解城市发展的一条主线。20世纪90年代海南房地产泡沫破灭后，一直到本世纪初，整个海岛都在处置积压的房子。在新世纪的第二个十年，建设海南国际旅游岛成为国家战略，尔后关于自贸区、自贸港的一系列政策逐步出台。此时，经历了大规模发展的各路房企，又纷纷来到这个小岛跑马圈地，并将各类国家政策作为产品营销的亮点。三亚是这一轮地产业发展的前沿阵地。从全国来看，老龄化的人口结构和疲惫的"996"人群，具有巨大的养老和休闲的需求。位于"天涯海角"的这座城市，为大众提供了一个寻找"诗与远方"的出口。在经济增长放缓、人口老龄化的今天，三亚是少有的还在进行大规模新城建设的地方。各色旅游地产、康养地产项目如雨后春笋般出现。新移民和候鸟人群纷至沓来，只有五六十万户籍人口的城市最多时迎来了七八十万候鸟旅居人群。经历了房价暴涨时代的人们，把这里当作最后一块投资洼地。炒房客们把在全国各地攻城略地的经验带到三亚，三亚整个城市成了吸纳全国地产资金的资金池。

而东北的人们，把祖国最南端的这座城市作为逃离寒冬的伊甸园。有个说法是，世纪之交，东北一些下岗工人前来海南，成为海南地产的第一批拯救者。随后的年月里，东三省的人口和资本持续涌入，让这里成为东北收缩城市的反向镜像。大量东北人云集于此，他们的口音、文化和饮食，让这里成为"东北第四省"。我遇到的出租车司机是辽宁辽阳人，椰子冻店的店员是吉林通化人，酒店前台是黑龙江鸡西人。在酒店大堂，有一群中年妇女旅行团。通过谈话得知她们来自大连。11月的海岛依然温热，热带季风席裹着南方海洋的气息，涌入四面通透的大堂，与大妈们的口音融为一体。

我们在崖城的一家东北餐馆吃晚餐。地道的地三鲜和土豆炖排骨把我们的味蕾带回东北。饭店不远处便是崖州古城，曾为象郡的"外檄"，是华夏文明区的南方边界，也是历代达官名士的流配谪居之地。

如今，古城池隐匿在混乱而又活力十足的老城区之中，历史在市井生活中静默。我想起了不远万里来此的黄道婆，作为历史上少有的非主流角色，她以一种民间的、女性的和浪漫主义的姿态，为海岛增加了一种不同于帝王将相的叙事。在更宏大的历史中，黄道婆的经历也可以看作海上丝绸之路上的文化交流事件。这种时空关联是海南岛历史的一个缩影和隐喻：本地的故事总是被外来者所书写。

从世界范围来看，这种向南方迁徙的故事更像是全球通行的规则。英国和北欧人前往西班牙度假，购置葡萄牙的房产；美国人从东北和中部的铁锈地带（Rust Belt）移居到南方的阳光地带（Sun Belt）。参照这个模式，三亚就是大洋彼岸圣巴巴拉的一个镜像，在现实中，这里也不乏国际化要素：穿着比基尼的俄罗斯少妇在沙滩上晒日光浴，执勤警务车的大喇叭用俄语提醒游客注意安全。

只是三亚依然保存着这个国家的时代印记。三十年间，这里见证了自由市场与国家调控"两只手"交替作用的效果。海岛文化与商业文明在不同时代各自唱响，共同塑造了城市的风貌。沿着三亚湾路前行，你会看到路的一侧是椰林和碧海蓝天，另一侧是20世纪八九十年代建造的老式宾馆和疗养院。如果没有椰子树，会让人有种身处秦皇岛海滨的感觉，似乎每一个滨海城市都有一套类似的生长模板。一路向东，于大海礁盘之中建造的凤凰岛，则让人联想到迪拜的人工岛屿群。这个全长1250米、宽350米的人工岛屿，是全球最大的国际邮轮港之一。五栋造型独特的度假酒店一字排开，造型好似伦敦金融城的"小黄瓜"和加拿大密西沙加"梦露大厦"的结合体。按照建筑师马岩松的设想，"这些建筑就像是从海里长出来一样"，曲面尽显，像珊瑚、海星等生物形成的群体。

借助资本的力量，南中国海里迅速地矗立起了一个"拉斯维加斯"。每到夜晚，岛上的异形建筑立面上，炫彩的 LED 灯打出各种广告，以极高的饱和度直击游客的眼球。海滩上，有人带着孩子戏水，有人在用电话和家人交流炒房信息。侧耳倾听可以得知，一位从北京来的老人一天之内就完成从看房到买房的全过程。一位带着孩子的少妇在电话里向家里人汇报，自己买的房子只一年价格便已翻番。在滨海道路上，电动车呼啸而过。年轻人把音箱带到路边，随着音乐摇摆，把街头变成迪斯科舞厅。来自各地的大爷大妈们，穿着民族服饰，在另一侧跳起了少数民族风格的广场舞。在声光电组成的丛林中，各色人等好似列维·斯特劳斯在《忧郁的热带》中描绘的亚马孙雨林里的各个部落。在南中国海的这片海湾，你能感受到独属于南方的燥热、无序、简单粗暴而又生机勃勃的活力。

而资本的规则又在支持着这一切的运行。在百度地图上能看到包含海天盛筵几个字的 POI[1]。海景房与游艇、直升机一样，成为名

---

[1]POI，Point of Interest 的缩写，指兴趣点，包含地图上的商业及各类服务设施。

利场的社交货币。这里的大户型豪华海景房，价格已经与一线城市豪宅看齐。从三亚湾再往东，到亚龙湾、海棠湾、大东海直至清水湾，高层楼盘像是打了生长素的庄稼般一茬茬地冒出来，漫无边际地向上生长。土地成为资本的大餐。林立的楼宇，好似复杂的生态系统，自我生长，不断演化。在全民的投资狂热中，不同类型的房产匹配了不同阶层的需求，形成社会空间分异。金钱的逻辑，渗透到日常生活的方方面面。

如今这座城市在社交媒体上成为网红摆拍的秀场。中产阶级以同质化的旅居方式表达着对休闲生活的狭隘理解。社交媒体上的旅游和美妆博主们把这座城市勾画成"网红脸"的形象。在几十年城市建设的过程中，我们熟悉了商品房小区、中央商务区和产业园区的故事，但在休闲娱乐领域，当下单一的空间叙事亟须扩充更多的内涵。在海景房和会所之外，在美式 MV 中的大游艇、比基尼之外，迫切需要生产大量的内容将海南岛的文明进行展示与输出。

在回北京的飞机上，身边的一位乘客说他困惑于为什么北京飞三亚的航班上空姐们的颜值普遍较高，他的同伴以这条航线是重点航线的说法来向他解释。这似乎是一种更为通俗的对于城市间关联性的解释。飞机起飞后沿海岸线兜了一圈。透过舷窗，能看到不同年代的城市地景：从老城区的筒子楼，到七星级的帆船酒店。作为创造城市的人，我喜欢在空中鸟瞰不同的城市和建筑，仿佛在短短的几分钟里就能经历城市的一生：兴起、繁荣、衰老和死亡。我总是认为我工作时像是通灵的萨满，能够预知城市的未来。但在现实中，我们总是被动地跟着旋律跳舞，试图尽量踩上步点，但总是遗忘过去，也看不透未来。

又经过四个小时，飞机在茫茫大雪中降落在首都机场。夜色中，停机坪上的飞机们被漫天大雪包裹得严严实实，像是一个个大列巴[1]。旅客们纷纷从皮箱里拿出羽绒服穿上，走进这冰雪世界。接驳的摆渡车甫一停稳，大家便一拥而上，我被夹在中间，不知所措。

---

[1] 大列巴：由俄罗斯传到东北的大面包，以个儿大著称。

德萨科塔

突然有在北京或上海乘坐地铁的感觉，站与站之间最短不过几分钟的间隔。只不过到了每一站，出现在眼前的都是一座全新的城市。这是大城市外围连绵的卫星城吗？这些密集分布的中小城市群，在浙江省内组成巨型城镇网络。你可以把浙江省看作一个超大的都市群，从中心城市杭州出发，两个小时的轨道交通系统，便能把你带到都市群任意的边缘地带。

坡度是地表的底色。经由隧道和桥梁，高铁在山岭与山岭间穿梭。车窗外的景象让人迷惑：一个又一个相似的、混搭的村庄。村庄里有中式坡屋顶，也有高耸的哥特式尖顶。大飘窗、罗马柱、铝板电梯、贴金镶银的墙壁，各种风格的元素杂糅在一起，组成一种风格奇特的乡村别墅。在住宅群的空隙，偶有寺庙宗祠闪现。村居周边间或出现近百米的高楼，以及布满脚手架、正在施工的楼宇。住宅之外，最常见的还是厂区。标准化的厂房像庄稼一样从土地上生长出来，比庄稼更加挺拔苗壮。厂房组成园区，园区又由高架桥、高速路和路上川流不息的大型货车串联起来，形成巨型生产网络。金灿灿的稻田则在近景中展开，面积不大，是人工地表的附属品。河流、沟渠、水塘穿插在田野和建筑物之间，自然要素与人造物相互嵌套。村庄、乡镇、县城、城市、产业园区，如马赛克般拼贴在土地上。高铁的速度让大地变得模糊，漫漶的风景幻化为画布上的迷彩。

回想起在珠三角的经历，那里也有类似的景观。在传统概念中，城市的外围是郊区，再往外便是大片的农田。几年前在珠三角，我看到无数的工业厂房如同传统城市外围的农田一样，四处蔓延，填满了城区之外的每一寸空间。虽然地处南方，却很少能看到绿色，映入眼帘的全是红蓝相间的铁皮屋顶，远看如同浩荡海洋。大货车在厂区间来回穿梭，就像是农用车奔波在田间地头一样。庞大的厂房，像巨兽般吞噬海量的原材料和打工人，再吐出无数的产品，经由全球化的物流网络，输送到世界的每一个角落。

相比一马平川的珠三角，"七山二水一分田"的浙江，有着更复杂的空间形态，因此景观上也呈现出更多自然与人工混合作用的痕迹。产业网络的空间尺度也更加庞大，在整个省域范围内全面铺开，无死角地覆盖各地。这为城市作为（经济）"增长的机器"的说法提供了形象的诠释。火车在城镇网络中穿行，更像是在浩大无边的厂区里的不同车间之内穿梭。火车与铁轨摩擦发出的震动声，有如机床有节奏的轰响。

Desakota，这个名词再一次在我脑海中浮现。这个词是印尼语中城市与乡村两个词的组合，由地理学家麦克·吉提出。他在观察以印尼为代表的东南亚国家农村地区的工业化状况后，用这个词来描述快速工业化地区的城乡混合带的空间模式。这个词有时也被翻译为"灰色地带"。在我国东南沿海地区，许多乡镇村庄也呈现出类似的景观：城乡不再泾渭分明，而是像牛奶咖啡混合在一起时那样呈现出褐色——"卡布奇诺"就是形容这种颜色的意大利语词。

Desakota 会让我联想到足球名帅瓜迪奥拉的战术理念：球场上的位置应该是模糊的，前锋、中场与后卫不再有明确的区别，每个人都可以出现在任意区域。这种理念通过对球场空间利用的变革，带来了颠覆性的战术革命。Desakota 是景观要素在大地上混合的产物，带来的是暧昧不明的空间变迁。美国建筑师安德雷斯·杜安尼曾经绘制过城乡断面的空间形态分析模型：从自然生态空间，过渡到低密度的农村、小镇，再到高密度的城市建成区，最终到超高密度的市中心，景观和建筑的密度与形态渐次变化。而眼前的一切，则宣告这一理论的终结：上一秒还是江南水乡的景致，下一秒便是整齐划一的百米高楼的形态，深度的混合取代了渐次的变化。同时这里还叠加混合着文化元素：寻常小镇的宣传广告上，都是互联网汽车、人工智能创新大会等前沿议题。地域与空间高度杂糅，最终带来的是形象的模糊。美国学者贾雷德·戴蒙德在《崩溃》中提出了"景观失忆"（landscape amnesia）概念：处在剧烈变化环境之中的人们会忘记环境原本的样子。望着此刻窗外急剧变化又飘忽不定的城乡景观，我们还追忆想象中的江南吗？

坐着高铁，我一路上经过了大大小小许多城市，但它们从景观风貌上难以区分。直至窗外的一切都没入无边的夜色之中，我终于在浙南的一个小城下了火车。这里是吴文化区的边缘地带，开始收起精致与柔弱，转而拥抱山野与海洋的野蛮气息。本地的商业文明，具有突出的简洁实用的时代特质。一出高铁站，看不到任何旅游宣传信息，只有吹膜机和压片机的大型广告牌高耸在出站口，粗暴有力地宣示着对视觉空间的霸权。站前广场正对着的江南国际服装城，不知道是否与闻名大江南北的江南皮革厂有关。

第二天，一位村支书带我们去村庄参观。他五十岁左右，身着西装三件套，如果再搭配上领结，就像是要去参加盛装舞会。说是领导，其实看上去更像是企业家。一路上车开了许久，我们乘坐的小轿车和无数大货车擦肩而过，似乎还是在工业区里兜兜转转。窗外已经不见任何传统意义上农村的影子。我们到访的村子就在镇区外围，更像是一个城郊社区。原本就有限的耕地，如今更加稀少，说是农业生产的空间，其实更像是园区里的街心花园和绿化带。我们来到一处田埂上，脚下是金黄的稻田，远处是一小片水杉林，再远处则是层峦叠嶂的山丘。眼前空无一人，景色让人恍惚联想到落基山脚下的原野。天下起了小雨，水雾在山间升起又落下，翻腾出各种姿态。一层层的山岭隆起柔和的弧线，由近及远呈现从深到浅的蓝色，像是浮世绘里错落层叠的海浪。

　　为数不多的农田里，一部分长得齐整的稻田是包给外来人耕种的。稻田里养殖了小龙虾，稻子更像是水族缸里造景的水草。另一些稻田则布满杂草，据说是本地人纯粹为了补贴而"野生放养"的，不怎么打理。当地人都说，种田能有几个钱？但又不能让土地抛荒，于是随手往地里撒一把种子就不再管，稻谷便长得七零八落。农业用地无法被挪作他用，有人就在地里搞起榕树种植。南方小叶榕，成材快，三年回本五年发财。也有在地里养鸡养鸭养狗的。在农业之外，村子一度发展乡村旅游业，但着实不赚钱。"种地不行，旅游不行，"村支书说，"村庄想要发展，还是要靠工业。"尽管一直在强调转型发展，但世界工厂的模式依然按照惯性，在固有的车道上隆隆向前。各村都在努力争取建设用地指标，将农田转化为产业园，就像是过去几十年一直做的那样。在这个经济寒冬，市场对于厂房依然有强烈的需求。"在长三角，只要有土地指标，就有得赚。需求太多了。"如今，农村集体建设用地同地同权，又降低了

乡村、城市、山野，皆浓缩于眼前这一幕

农村工业化的门槛。投机资本见缝插针涌入，旺盛的产能在土地上不断生长出来。村支书说，现在想来找地的企业还是排成队，水涨船高，他便开始给入驻企业设置更高的门槛。

村子另一侧的耕地更加支离破碎。稍微完整的一片庄稼地，三面被楼宇合围：两面是厂房，一面是工人宿舍。农地像是落入巨兽口中的食物，被吞咽下去是迟早的事。以前的厂房多为标准厂房，像是整齐划一的兵营。新建的厂房在方盒子的基础上，衍生出曲线的边缘和玻璃幕墙，造型有了较大变化，出现了科技地产的形态。密集的高压线悬在农地和厂房的上空，像是静默的五线谱。

村子中的民宅多为建于20世纪七八十年代的二三层小楼。有些还是传统的青砖灰瓦白墙，墙面上画着太极的符号。传统住居文化的吉光片羽，在砖瓦的角落中不经意间露出来。这里并没有经过统一的规划。有些建筑应发展旅游的需求而建，有些则是传统审美的遗产。几处祠堂和土地庙，在民居和厂房的缝隙中露出身影。它们承载着农业社会的精神内核，记录着大地上发生的各种事情。乍看上去，泥土的质地变得陌生。但一方风土的气息，在水泥钢筋的孔隙中，在日常事物的细节中，还是会散发出来。据说明代这里出过进士，乡绅们捐资建造过文昌阁。建筑在清代坍塌，到"文革"时期遗迹彻底消失。

此地水网纵横，村民依水而居。在村子的中心，有一棵巨大的榕树生长在河边。巨大的树冠几乎延伸到河对岸,覆盖了大片水面。水鸟在溪流中掠过,点起阵阵涟漪。阴雨天河上水汽弥漫,亦真亦幻。河里有破旧的乌篷船,显然很久没人打理了。据说前些年工业排污管理较为宽松,近些年才开始重点抓环保。不过河水看上去依然像是淡蓝色的墨水。小溪边站着一个头戴斗笠的钓鱼佬。问他,这水里的鱼可以吃吗?答:不为吃,只为钓。有妇女在水边洗菜。村支书看着她对我说,她在这里洗完后,还会回家再用自来水洗一遍。听上去真像是一种仪式。以前看过一些报道,说工业污染会造成人体内重金属含量超标。那么人会变成另一种物种吗?大地或许要经历地质年代变迁才能消解这些急剧产生的污染物。而人的一生,在大地的经历中只是一瞬间。

我们走过一座拱桥。桥的这一边,村居和工厂、宿舍混建在一起,河岸边堆放着塑料模具。一家颇具"古早"气息的工厂嵌在民居之中,看样子像是改革开放后第一代的乡镇企业,或许村子的第一桶金就从这里得来。桥头处伫立着一座集装箱房,四面贴满了各色小广告,其中一些像是三十年前的风格。小广告有:活动房——防火、隔热,可根据客户需求改装,3—6元/天;创新集装箱——彩板、钢结构,可回收,可定做;吊车出租——8—500吨,价优;速办驾照——没有文化、文盲包过包拿证;男女专科——包治性病,几经各处治疗无效后请速联系本医治疗,车站旁家庭门诊常住。集装箱房好似一个时光的压缩包，记录着传统农业文明被挤压到方寸之地的状态。在变得越来越相似的世界里，这里的农村演化出一种不同模样，以一种混杂的形态消解了经典的城乡二元对立。经济动物之所以形成，首先是因为土地资源匮乏。而在经济起飞后，曾经的乡土气息则像古文物一样，被现代主义的效率压得粉碎，成为散落在大地上的残片。

　　该怎么形容眼前的村庄呢？江南水乡、都市社区、产业园区，它都是，也都不是。过去已逝，未来不明，当下更像是悬在半空、转瞬即逝的现代寓言。村支书说，用地指标还是不够，他还在继续争取。后续可能要把村庄全部拆迁，变成一个完整的产业园。曾经的粮仓，将会幻化为另一种形态，更加高效地创造财富。在更大的地域尺度上，这个过去十年人口增量逾千万的省份，像是一个无边的海绵，吸纳着全球的资本和中西部的劳动力，目前似乎还看不到它容量的极限。工业吞噬着乡村，古典的审美和传统人居不断瓦解。家乡发生巨变，按照诗人于坚的说法，本地人将会被"在地流放"。但是又能怎么办呢？按照村支书的说法，发展工业是众望所归，99%的村民都全力支持拆迁。这和我在各地城郊村看到的情况并无二致。本地人为了子女就学，为了儿子婆媳妇，恨不得一夜之间拆了老房子，搬进城里的新小区。炊烟袅袅、小桥流水的意象是给外来者看的，那更像是古玩街上卖给游客们的包浆古玩，居住是否舒适则是本地人自己的体验。这似乎无可指责。人们告别了田园牧歌，但拥抱了财富和都市文明，拥抱了中央商务区、麦当劳、三甲医院、国际学校、双语幼儿园，拥抱了月子中心、4S店、精品咖啡、酒吧夜场、抽水马桶、5G信号、安防系统、地热供暖……世界工厂模式固然不可持续，但极端的保护主义亦不可行。用学院派的抽象理论去叩问现实，往往得不到答案。

往更深处想，往昔的美好是否来自怀旧的滤镜？如果说工厂占据了耕地，那么耕地当初又占据了什么？大地就在那里，万亿年里土地生态系统一直经历着自然演替。非洲海猿有千万年的历史，认知意义上的现代智人也有四万年历史。人类的进化伴随着控制欲的增长。人类一直在按照自我意志对环境进行着不断的改造。低端技术曾给自然带来诸多的生态灾难。农业文明的发展伴随着对森林的焚烧与砍伐。北美大型哺乳动物因人类的猎杀，在欧洲殖民者到达前大部分已经灭绝。黄土高原的森林破坏和水土流失，发生在千百年前。全球有四分之三的森林破坏，是在工业革命之前发生的。大地一直在变化，有时和缓有时激烈。在农业文明时期，农人一年两季犁地、种植、收割，循环往复。而工业革命像是一次基因突变，让早已在人类基因中编好的程序更快速地发挥了作用。我们对于逝去田园的怀念，是生物性的本能，还是因受到长期文化规训而形成的习惯？失落的天堂只存在于想象之中。在哀悼抒情的背后，什么是我们迷恋的？什么是我们恐惧的？动物在消失，植物在消失。只有人的欲望，显然远远跑在了基因进化的前面，也左右着人地关系的走向。人类天生以为自己被赋予了左右一切的特权，最终在一团混沌中走向永生或幻灭。在未来的文明看来，当下只是周而复始的周期。人的历史在土地的历史面前微不足道。历史的暗流滚滚，我们好像站在大船的甲板上，沉默地看着海水不断翻涌上来。

村支书向我们感叹项目落地和拆迁工作的困难，基层不易，任何一件小事都能让人脱层皮。但他也表明自己愿意付出的原因："说实话，我也是有情怀的，为了村子的发展。"在被问到祠堂如果搬迁的话，如何照顾到风水？"总是可以找到说法嘛。"对于我们这些访客来说，这个村子就像是在人海中擦肩而过的心动对象，日后再也不会相见。我们只能尽可能多地拍下它的照片留念。或许在不久的将来，眼前的一切都会消失，在机器的轰鸣声中，挖掘机和搅拌车，会像曾经的拖拉机和收割机那样，见证着大地上的变迁和无常。而古老的村庄依然有着顽强的生命力。往昔不会消失，只是变成了另一种形态。看似无序的构建中，一种新的秩序正在隐约形成。

绵绵细雨下个不停，光线愈发昏暗，天与地一片黛色。雨水的水珠极小，凝滞在空气中，更像是雾，淡薄又飘忽地弥散开来，像是一张大网把村庄笼罩。四周万籁俱寂，我们被氤氲的水汽缓缓包围，慢慢融化。

长乐的海

10月的一个周末我去了福州。飞机降落前在海面盘旋。我俯瞰大海，夜幕下的海洋幽暗深沉，潮水从海洋深处涌出，波浪如同黝黑纸张上的纤细白线，前赴后继地缓缓贴向海岸，周而复始，柔软而又坚定。随后机翼下出现灯火通明的陆地。随着飞机缓缓着陆，沉睡的乘客们纷纷醒来。

福州的机场位于卫星城长乐。在我的印象里，除了兰州机场，就数这座机场离市中心最远。第二天回程，我特意早早提前去机场，结果快到机场时，距起飞时间还早，于是便按导航去海边逛了逛。距离机场最近的是南澳海滩。车从高速下来只需走一两千米就可到达。时值周末，不少福州人开车前来。几乎没有像我这样赶飞机的人会来这里闲逛。

海滨小村道路两边都是海鲜排档。现在不是旺季，沿街店铺尽显凋零。我以为 10 月底的海边会阴风怒号——那是我在北方海滨获得的经验，没想到这里依然温暖如夏，不少人穿着 T 恤和短裤逐浪戏水。大人开着沙地摩托游玩，小孩子挖沙嬉戏。海边还有一些明显来自北方草原的马，在此处却成了"海马"，供游客骑乘涉水游玩。

这处不知名的海滩和滨海旅游城市的著名海滩别无二致。都市男女在这里悠闲地度过一个周末的下午。欢声笑语让人觉得身处明媚的夏日。日光给沙滩上的人们留下长长的影子。逆着光线远眺，西海岸层叠的楼宇勾勒出泛着光晕的天际线，好似海市蜃楼。在行业拐点即将到来之际，地产商们仍在城市的处女地跑马圈地，争分夺秒地在末日游戏中竞逐。距海滩最近的一处大楼，占据着最佳位置，造型像是观光酒店，但已烂尾。当地人对此众说纷纭。有人说这个楼以前是度假酒店，但是经常出命案，后沦为"鬼楼"；也有人说那个酒店因为黄赌毒被封禁。总之，大楼已经成为荒芜的废墟。

海滩带给人片刻的悠闲时光，而后面的小山则让我得到一段充满惊喜的迷你旅途。沿着海边一路向东，不过几百米便可爬上一处小山坡，即为南澳山。小山向海洋深处凸起，形成一处海岬。南国的海岸线大多曲折蜿蜒，陆海反复咬合，缠绵不绝，这里的山海亦如此。

海滩是商业化的喧嚣场所，而伸入海中的小山则一片静谧，让人思维得以片刻抽离。尽管与海滩一线之隔，这里却没有游人。我沿着山坡小路上行，右边是山，左边是海，一人占据一片天地。忽然发觉，眼前的景致与爱尔兰都柏林的皓斯港非常类似，两者都是孤零零的半岛，都有着人迹罕至的幽静。爱尔兰的国宝级诗人叶芝，曾经在皓斯海港小镇上住过一段时间。一个女佣经常给他讲爱尔兰的民间传说。那些传说中的仙女、小精灵和魔幻元素培养了他的浪漫想象。从那时起，叶芝开始对爱尔兰民族的乡野传说和神话故事倍感兴趣。后来他在西海岸的斯莱格郡和戈尔韦搜集了大量类似的故事，创作了充满神秘浪漫色彩的故事集《凯尔特的薄暮》。时至今日，都柏林已经成为现代的都市，但是在皓斯港，你依然能够感受到类似爱尔兰传统乡野的宁静和浪漫。

人生总有这样那样的苦恼和困惑，有时草木和山海，都会成为我们倾诉的对象。在爱尔兰时，我曾经感到极度困惑，内心充满迷茫与焦灼。我常独自来到海边，试图从声声海浪中找寻答案。高纬度的海岸边，海风凌厉、天色阴郁、海鸥孤单飞翔。孤岛苍凉无尽，像是孤悬于海平面上的一片荒原。那里的大海能告诉你什么呢？U2乐队的MV里经常出现爱尔兰海岸的场景，颓废、灰暗、阴冷。主唱Bono用略带沙哑的歌喉唱道："But I still haven't found what I'm looking for……"海天交界处常出现邮轮，不知它们是按照怎样的规则出海，每次都只出现一艘。邮轮大部分会去往海峡另一端的不列颠岛。北大西洋的冰冷波涛，总是让人想起伍尔夫的沉沦。她在《到灯塔去》里这样写道："我们灭亡了，各自孤独地灭亡了，但我曾卷入更加汹涌的波涛。被更深的海底漩涡吞没。"

我渴望汹涌海浪能浇灭我内心的焦灼，可是并没有。海浪呜咽，不断拍打堤岸，浪潮与几十年前、几百年前、几千年前并无二致。这或许是人类最无能为力的事情：千百年来，无论人类折腾出什么花样，大海就在那里。涛声依旧，似乎是喃喃咒语，或者是对人类无情的嘲笑。它并不告诉你答案，但却用时间和空间的无限广度，消解了一切问题的存在。"即便是日常生活也深如大海。"人世间的种种，往往如大海一样深邃而不可测。没有答案自然也是一种答案。后来，我只是静静地待在海边，看着大海潮起潮落，那样便很好。

相比于爱尔兰，南国海岸的植被更加丰富，景观更加多样。马尾松错落有致地覆盖小丘，为它披上一层墨绿色的外衣。走在松林中的小径上，周遭弥散着南方特有的热浪与生命力。来到山顶，能看见半山腰密布着隧道和坑道。昨日的硝烟散去，时光已经将这里反复雕琢。散落的酒瓶和烟盒，是年轻人野外派对留下的痕迹。经过一个像是防空洞的洞口时，里面走出一个女人。我问她这里的洞穴现在做什么用。她却一言不发，径直走远。

海风袭来，松涛阵阵，树枝弯下腰来，互相依偎，随着微风有节奏地起伏。一些似有还无的情绪，如同海鸟的身影在空中一闪而过。半岛是海陆达成的一种暧昧协议，它深入海洋，却斩不断与大陆的关联。站在半岛上，放眼望去，三面皆是无边的大海。往东南几百海里，便是宝岛台湾。宝岛自然是看不到的，不过可以遥望一艘艘远航的船。它们从远处缓缓驶向这里，和海岬擦肩而过，又缓缓地离开，伴随着空荡的号角，最终消逝在天海一线。或许是光线的缘故，海水并不湛蓝，反而有些金属的色泽。往西看去，斜射的夕阳给海滩涂上了一层暖色，让那里有了些许里约热内卢海滩的热带梦幻感。时不时有飞机起降，与海上过往的渔船彼此呼应。在这片游离于福州主城的空间，海洋和陆地都呈现出一种独特的质地。而从某个角度看去，山脚下的危楼，海滩上凌乱的渔船桅杆，与机场外围的建筑工地杂糅在一起，在夕阳的光照下，生成一种末世的画面。

我来自内陆省份，小时候在音乐课堂上，跟着老师学唱《大海啊，故乡》。把大海称为母亲，让我感到它就像一位最熟悉的陌生人。北方内陆的少年，更熟悉沉重的大地、龟裂的地表、断流的黄河。有如干涸的黄土地般的内心渴望被蔚蓝的海水冲刷、填满，对于南方海洋有着绮丽的幻想。但偶尔接触时，又在海水的潮气与腥味面前徘徊不前，望而却步。大海里蕴藏着变幻莫测的未知、陌生和怪诞。无边的海面意味着不确定性，挑战着既有的秩序，让人既

距离长乐机场不远的海滩，远处是滨海新城
不断生长的天际线

向往又恐惧。于是便借助想象从现实中遁离，幻化为渔人、水手、舟楫，去海洋深处探险。有时也会潜入海里，去寻找深藏于海面之下的东西。那里有珊瑚、海贝、鹦鹉螺，也有漩涡、激流和深不可测的海沟，以及永恒的时间和无边的寂静。

　　而东南沿海一带的人们，拥有海洋的基因，历来是向海求生，战天斗地。北边的温州人自不必多言，南边的闽南人"爱拼才会赢"，再往南的潮汕人更是"赢了还要拼"。与海斗，与命搏，生活就像亚热带的海岸线一般，足够曲折。渔民们总是向妈祖神明祈求平安，期望从变幻莫测的风浪中顺利返航。他们的命运从来与起伏的海浪密不可分。有学者推测，征服整个太平洋的波利尼西亚人，最早来自海峡两岸。眼前的半岛，或许就是海洋之子们出征大海的第一块跳板。他们前往台湾岛，繁衍生息，又继续跳岛而行，到关岛、波利尼西亚、夏威夷、新西兰、汤加……，直至接近南美大陆的复活节岛。只要大海没有边际，探索与冒险便永不休止。

　　回程的飞机起飞时再次在海上绕了一圈，这是蓝天对大海开阔的思念。飞机上，我整理拍摄的照片时，想起了在半岛山顶上独处的时光。当时的场景好似辛波斯卡诗集的名字《万物静默如谜》，她的诗歌仿佛是那片刻静谧与孤独的绝佳注脚："仿佛在此地，你只能离去，没入深海永不回头。没入高深莫测的人生。"夜航的飞机随着气流不断颠簸。我合上电脑，回想那个海滨午后的场景。长乐的海，爱尔兰的海，像电影蒙太奇片段般在脑海里不断闪回。那阵阵松涛，在海水中奔腾的马，以及那段与都柏林皓斯海岸高度相似的岬角，都显得那么不真实。它们真的存在，还是在想象中被构建？

我总是在旅行中思考着人生的意义，过程中又穿插着太多复杂的情绪与念头。当这些想法无处寄托时，海洋便成为一个终极的容器。旅人能在海边感受到生命的一切——少年的迷惘、青年的热烈、中年的不甘，以及老年的淡然——当然也可能是放弃。伟大的事物总是让人迷醉，让我们在滚滚红尘中，暂时从个体的卑微中抽离片刻。它们总能包容一切，然而又最终吞噬一切。

当我在飞机上敲下这些文字时，我知道它们并没有什么意义。偷得浮生半日闲的背后，是那颗总在寻常生活中翻滚的心，在试图寻找一种出口。文字的存在，使我们得以逼近这种真实的人性状态。如果能够记录下在某个秋日的周末与海洋的一次邂逅，便已足够。最后，用电影《碧海蓝天》里的一段话来结束这篇文章："每个人心底或许都有一片孤独而自由的大海，我们往往在深夜，独自潜入其中，有时又因为潜入得太深，而思念陆地上的灯火。大多数人一生都在这两者间穿梭。"

第三章　北京客

六月的天空飘来一片海洋 / 水母如同波浪奔涌 / 在城市的大脑里冲出海沟 / 神的孩子在鼓楼的夜色中哭泣 / 泪水和雨水滴滴答答

    ——某次无聊时为鼓楼大街写的一首小诗

回龙观

最早听到回龙观这个地名，还是十几年前在中国人民大学读书的时候。当时一个高中同学来北京实习，我请他到人大西门吃火锅。饭桌上，他对我说："好不容易进城了啊。来北京这么久，这还是我第一次进城。"我问他住在哪里，他说是回龙观，在昌平区。当时我很少去北五环外，更别说昌平了，不过这个地名隐约有一丝魔幻的味道，给我留下了深刻的印象。

第一次去回龙观是2015年，当时我想换个房子住，一个朋友便要把他在回龙观的房子转租给我。我是在夜里搭乘地铁去回龙观看房。刚从地铁站冒出头来，我就感觉进入了一个异世界。眼前的马路上一片凌乱，没有路灯，漆黑一片。许多黑车在拉客，叼着烟的司机大哥直接就要拉你上车。初次和回龙观的邂逅并不浪漫，唯一的惊喜是这里竟然可以抬头看到满天星斗。长期住在中心城区的我，对这里的熠熠星光感到不可思议，简直像置身于漫画中那样神奇。

租到这套房子后，我在回龙观一住就是两年。我那个朋友租的是一套很大的三居室，房东把其中一间卧室锁起来存放东西，剩下房间都租给了他。当时这套一百多平方米的房子的月租不过三千元出头。在城里蜗居很久的我，第一次到这里就决定要租下这整套房子，因为它足够宽敞，也让我感到温暖——小区采用地暖，当楼上楼下同时供暖时，我的屋子即便不开地暖也异常暖和。

回龙观这名字，初听起来有些玄幻，像来自修仙小说。有时候从回龙观大街经过，看到路中间回龙观的标志性牌坊，会幻想这里有龙腾云而起。实际上这名字的来源大有讲究。相传此地旧时有一处道观，皇帝谒拜十三陵后回京，途经道观会小憩。后来道观所在的村子便被命名为回龙观。如今道观早已不复存在，回龙观倒成了整个区域的名号。

真龙天子早已不在，这里成了安置居民的新区。1998年之后，北京远郊的回龙观和天通苑区域开始大规模建设经济适用房、拆迁安置房。后来这两片区域一度成为全亚洲最大的社区。本世纪初，北京第三条开通的地铁线即十三号线开始运营。当时我一度有些疑惑：一号线二号线都在中心城区，怎么第三条地铁线却往北边兜了那么大一个圈子呢？其实是回龙观和天通苑两个巨型居住区集聚的众多人口，仿佛一个巨大的磁极，将中心城区的轨道交通给吸了过来。一大批二环内被拆迁的老北京人被输送并安置到了这里。

作为郊区新城的回龙观，一直以来以"睡城"著称。疫情期间，我和"一条"视频的主编一起参观这里。我们爬到一栋高楼的顶层，俯瞰整个回龙观时，感到无比震撼，也能很清晰地看出为什么这里被称为"睡城"。一眼望去，满眼都是本世纪初建成的五六层板楼。整齐划一的方盒子建筑物包裹着水泥和瓷砖，让人联想到二战后出现在伦敦、巴黎郊外新城的社会住宅。后续建设的高层住宅楼在居住区外围开始蔓延。目光所及之处，几乎看不到什么写字楼、商场、医院类建筑。显然，商务办公、商业和公共服务设施极其缺乏，让这里只能是城市的卧室，严重缺少多样化的活力。

孤悬于主城区之外的回龙观，偌大一个区域，连通主城区的通道就那么几条。高德地图曾发布过一个关于北京拥堵情况的报告，其中列举了北京拥堵程度最严重的几个路段。回龙观的几个出口都名列其中。曾经听一个同事说过，他认识住在回龙观的一家人，某天家里有人突发心脏病要送往医院，却因出回龙观的路上堵车，最终没来得及获得救治。

这样的一些问题，反映了在快速城镇化过程中新建城区的一些通病。2000 年前后，在各大城市的远郊区，一批批新区拔地而起，它们像是放大的城乡接合部，长期形成的农业社会受到城市文明的剧烈冲击时猝不及防，形成了混杂的景观风貌与文化心理。这种"杀马特"风格有时颇具魔幻色彩。在回龙观，有些小区出入口时不时会搭起办白事的灵堂，鼓乐和鞭炮齐鸣。马路上经常能看到各种农用车辆和农用机械，有时候甚至可以看到有人赶着骡车卖农产品。有几条小路直接可以通到旁边的村子里。我每天上班时，过了黑车和三蹦子云集的地铁站，还会经过一个名为东方神娃的幼儿园。远远望去，幼儿园的建筑风格五光十色，光怪陆离，扑面而来的正是"杀马特"的气息。

从霍营附近出回龙观的时候还会经过一段下沉道路，道路两侧布满了密密麻麻的藤本植物，叶子上覆满厚厚的灰尘。这景象勾起了我小时候对于一个北方小城的记忆：植物的叶子上常年蒙着一层灰。当北风呼啸着漫卷黄沙袭来，我只能背对着风，避免被沙眯住双眼。有时候我会步行一个小时回家，沿途经过一些工地，看着大货车进进出出，工人们蹲在路边吃饭。走着走着，会有种穿行在北京和河北交界地带的感觉。

回龙观虽然远离市中心，并且环境和居住品质并不优越，但至少是城中村的升级版。较为低廉的房租和房价，使得这里成为众多来京打拼的异乡青年的家园。大家于此落脚，开始转变为中央商务区的白领。每天，他们深夜加班后，搭乘最后一班地铁回到回龙观，进入一个又一个名字带龙的小区。这里的夜色静悄悄，和家乡一样，没有夜生活。回龙观代表着一种速成的新城文化。功能主导、缺乏审美、批量复制的新城，为青年们的生存需求提供了简单粗暴的解决方案。

当"一条"视频找到我，想让我以城市规划师的身份带着他们拍摄北京的宜居场所时，我突然觉得，回龙观不应被忽略。回龙观显然不是什么名胜古迹，但作为无数异乡青年的落脚之地，这里应当被这座城市所铭记。我建议"一条"的编辑和摄影师在早高峰时去霍营地铁站拍异乡青年们挤地铁通勤的场景。我和他们向地铁站走去，一路和许许多多年轻人擦肩而过。那么多年轻稚嫩又略显同质化的脸大部分都没有表情。编辑对我说，这里一定有很多"空巢青年"吧。

是啊，在这个没有社交的城区，年轻人怎么脱单呢？来自五湖四海的异乡青年，经过层层考试选拔，最终来到这里，但也很快便在格子间中被打上了"社畜"的标签。每个加班后独自归家的深夜，独居的床铺就是他们在这个城市中所拥有的一切。这里少有商业街、咖啡厅、酒吧、电影院，都市潮流与文艺活动也远离这里。国贸和三里屯在回龙观青年的心里像纽约的格林威治村一样遥远。很少有人愿意穿过宽阔无人的马路、呼啸的北风和深沉的夜色，去尝试和这片区域发生更多的关联。在"996"式公司中内卷的青年们，将残余的自我锁进一个个单间——那里像是深不可测的洞穴。

我清晰地记得一个场景。有一年年底我坐地铁回回龙观，快到霍营时，车厢里的一个年轻人在大声地打电话。在听到自己年终奖的数额时，他顿时两眼发亮，目光如同火炬，把整个车厢都点亮了。那个画面让我至今难忘。他让我联想到《了不起的盖茨比》等经典作品中的小镇青年。他们雄心勃勃，渴望征服大城市。这样的故事在21世纪的第一个十年是主流叙事，而在如今，更多的年轻人只是力争扎根于此。

有网友说，回龙观以及周边区域，是居民知识层次与环评品质差距最大的区域。大多数居住在这里的人，只是匆匆过客。很多住在回龙观的年轻人一旦成家，就想赶快搬离这里。为了孩子上学，老人上医院，他们挤破头也要换房去城里。留下的人虽身陷"教育孤岛"，但还是在孩子教育上极力发挥了狠劲儿。他们从小狠抓孩子的学习，特别是数学，甚至能把回龙观育新小学变成重点学校，继而让周边小区变成学区房。更多的年轻人则把青春和奋斗留在了这里之后选择返回家乡。随着下一批青年的到来，睡城的故事又得以继续。

铁打的回龙观，流水的异乡青年。

2016年的时候，上海的彩虹合唱团发布了《感觉身体被掏空》

一歌，"我家住在回龙观""起来征战北五环"等歌词，让回龙观在网上名声大噪，让住在这里的异乡青年心有戚戚。他们被掏空的何止是身体，还有青春。许多青年为这座城市贡献了青春，最终却没能留在这里——想要留在这里意味着还将因买房而掏空父母积蓄或是"六个钱包"。很多异乡青年在挣扎很久后也未能获得属于自己的空间。曾经的浪漫想象，在现实面前支离破碎。

不知道他们离开北京后，在夜深人静时，是否会想起回龙观那个遥远又陌生的地方——他们短暂的一个故乡的家。或许他们怀念的不是回龙观，而是自己留在那里的青春。回龙观游离于主流想象的北京之外，一如马尔克斯笔下的马孔多，那座充满了魔幻与孤独的城市。它不完美，但久居此地，也能产生一丝乡愁。

我住在回龙观时的房东也曾经是回龙观的异乡青年。她三十多岁才从东北考到北京读博士，毕业后到化工大学当老师。现在她已经五十多岁，还是在努力搞科研，只为在退休前能评上教授。回龙观是她到北京后最初的落脚之地，她在这里买了房子，把孩子接来北京。后来为了孩子上重点中学，她又搬到人大附近的"老破小"学区房里。这套回龙观的房子见证了一个异乡人在北京的奋斗历程。这位女房东性格强势，走路带风，说一不二。在她身上，我总能感受到因经历过物质匮乏而造成的一种心理紧张。

由于三居室的房子里有一间被她用来存放衣物，所以她偶尔会回来取东西。有时她会电话联系我说要过来。我问她在哪，她就会说，在楼下，快开门吧。有一次她拿走东西，下楼之后又给我打电话，说落了一件衣服没带，让我直接从楼上给她抛下去。我说我给你送下去吧。她说，不行，来不及，你快扔下来，赶紧的。租约到期退房时，她以屋子太乱为由想多扣押金。我那天忙于工作，一直没顾得上看手机。等有空打开手机一看，她给我发了一百多条微信。最后一条是："你不回我是吧？你肯定有单位。你逃不了。"相比之下，她那个高中在读、身高一米九五的儿子，腼腆得简直不像话。有一次房东让他给我送钥匙。他紧张得说不出话来，把钥匙递到我手里的时候满脸通红。强势的母亲，弱势的孩子；严酷生存，快乐生活；原生家庭，代际心理……一些宿命论的想法在我的脑海里翻腾。

尽管我们是针锋相对的租客和房东，但我想，有一点我们是一致的。我们终究都是回龙观的异乡人。

"理论是灰色的，而生命之树长青。"按城市规划理论来衡量，看似失败的"睡城"，生活在其中的个体，增加了通勤的成本，但住在郊区一定程度上远离了市区的喧嚣，在心理上也感觉远离了公司，实现了一种从工作中抽离的状态。生活节奏在一定程度上慢了下来，精神也得到些许放松。

尽管建设品质不高，但我居住的"龙×苑"小区有着低容积率、高绿化率的特点。在多层板楼之间，穿插着大量的草坪和公共活动空间，看起来像是花园。这让我想起小时候在部队家属院的居住记忆。离开部队大院后的日子里，在沈阳铁西区，在北京的百万庄和回龙观，在我成年后去过的许多地方，我都感受到童年时空经历的再现。难怪路易斯·康曾说过："一个城市是一个场所，在那里，当一个孩子在来回游荡的时候，将会看到一些预示着这个孩子在他或她的未来的生活。"

有时候夜里加班归来，我并不直接进屋，而是骑车在小区里晃悠，幻想着回到童年。住在低密度的空旷的小区，与住在市中心高层塔楼里的感觉全然不同，让人心里不再紧张压抑。夏日的夜晚，月朗星稀，路灯下的草丛里虫鸣唧唧，间或有小动物出没。我见到过黄鼠狼在步道上一闪而过，也曾在单元门口抓到过一只肥大的刺猬后又将其放回草丛。我甚至畅想，假以时日，周边如有大面积的树林，这里也许会不时出现野兔和松鼠。有那么几个夜晚，我骑着电动车一圈一圈地在院里转，绕过居民楼，绕过草丛，绕过花坛，绕过健身场地。王菲和林忆莲的老歌被随机播放，耳机里传来的全是 20 世纪 90 年代痴男怨女的爱恨与纠缠。我在空无一人的大院里不停地兜圈子一直到午夜，烦躁的心情逐渐变得莫名清朗。

虽然进出回龙观容易堵车，但是回龙观内部却是车少路多。我经常在宽阔的马路上独自溜达。甚至可以在这里的路上尽情玩滑板而不用担心有车经过。有时在空无一人的大街上，我站在电动滑板车上，仿佛操纵着帆板，在漫无边际的大海中游弋。夜跑的时候，整条道路空无一人，昏黄的灯光下，只有影子与我同行。

后来我偶尔会怀念起这样低密度郊区的生活。那种宽敞的空间，悠闲的生活氛围，很难在市中心的钢筋丛林中找到。我似乎明白了，为什么理论界一直在批判的城市蔓延，在现实中却不断地发生。在电影《革命之路》中，男主角每天搭乘火车去市中心上班，再坐火车回到郊外的住宅中，那是 20 世纪 50 年代的故事。如今，伦敦和洛杉矶的企业高管，也愿意下班后开车两三个小时，穿过拥堵的出城高速，回到远离市区的田园小镇上。这可以看作是一种另类的邻避（NIMBY）[1] 现象：低密度的城市蔓延不可持续，紧凑的城市建设模式很好，但我还是选择前者，而且希望大家选择后者。谁都知道城市蔓延与可持续发展背道而驰，但只要负担得起，人们还是愿意追求远郊区的大房子，并且开着大车去通勤。

当然，回龙观的低密度社区，并非欧美语境下的低密度城市。我想表达的是，在抽象的理论背后，生活的体验往往有着更复杂的维度。我记得在这里住的时候，每到周末女友会来我这里。我和她分别躺在客厅的大沙发和瑜伽垫上，以自己感到舒服的姿势看书，

---

[1] 邻避（NIMBY，Not In My Back Yard）为英美城市规划中出现的概念，指居民因担心建设项目（多为公共设施）对环境或资产价值带来负面影响而进行抵制的行为。

玩手机，看平板电脑，沉迷在电影和小说之中。饿了就叫外卖。有时候就这样躺着，一晃一整天的时间就过去了。窗外一片静谧，绿意盎然。没有了地铁口的杂乱和进城的拥堵，面积巨大的小区，此刻好似另一个时空。我想起《蓝色大门》里的那段话，大意是夏天就这样过去了，什么也没有发生。对我而言，这片区域好似城市的留白，时间在这里停滞。

和市区市井味道浓重以及邻里关系密切不同，这里的社区，平淡如白开水。没有社区活动，没有邻里交往。城市向四周无边蔓延，每个人都是一片孤独的海。后来回想那时的生活，我有些后悔，是否当时养一只狗会更好。

因为街区的建设不够紧凑，每天我从地铁站出来后还要走很长一段路才能到家。正因如此，在地铁口附近，堆满了各种类型的共享单车、共享电动车，甚至共享汽车。地铁附近有回龙观少有的繁华，道路两侧一字排开的是餐饮界的"平民巨头"沙县小吃、黄焖鸡米饭、兰州拉面、重庆鸡公煲之类。临街商铺的广告屏上，学龄前少儿机器人和编程培训班的广告文字一闪一闪亮晶晶。人行道上，有人支起帐篷作为临时餐馆，加班回家的青年们在里面吃着麻辣烫，在回龙观版本的深夜食堂中，用廉价又刺激的食物抚慰自我的心灵。

走过某条大街，高大的梧桐树影下，一些小发廊发出暧昧的灯光。那一带曾经发生过某名校硕士猝死事件，后来发廊多半消失，变成了小学补习班或者社区活动室。每过一段时间，就会看到有人夜晚在路口烧纸，灰烬四散空中，在路灯泛黄的光线下，好像是一只只飞舞的夜虫。偶尔经过的夜跑者，不得不屏住呼吸。在一条昏暗的小路上，我见到过几个中年人拿着弹弓，瞄准行道树打麻雀，那一幕相当魔幻。

几年后再来到回龙观拍"一条"的视频时，我能感到这里发生了变化。高端大气的购物中心开始出现，一些写字楼也在居住区旁拔地而起。这里还建起了全国首条自行车专用道。我们来拍摄视频那天天气极好，蓝天白云有如新海诚的治愈系动漫场景。在高架桥上能远眺西山，美好得简直不真实。摄影师在自行车道上，一边骑着单车缓缓前行，一边拍摄，直至消失在地平线。

时间在变，空间在变。留下的只有被记忆打磨后的人地关系。在 2011 年的时候，我听了一个"十号线金台夕照"的故事，当时被感动得一塌糊涂。后来每次坐十号线经过金台夕照站的时候，我的感受就会和之前有所不同。同样，如果你在某个地方生活过，那么再次回到那里时，你会想到经历过的一些事情，你对那里就会有更独特的感受。后来我搭乘地铁经过龙泽、回龙观、霍营等地铁站时，开车经过回龙观东西大街、北郊农场桥时，就感受到了不同的人地关联。多年后的一个冬天，整个城区被一场突如其来的大雪覆盖。我走在回龙观的大街上，恍惚中觉得自己似乎被流放在新西伯

回龙观一角

利亚的街头。鹅毛般的雪花纷纷扬扬落在地面，覆盖所有空荡、萧索与肮脏，却无法覆盖空间的记忆。

相比在市中心，在回龙观遇到外国人的概率要低得多，但也有一些年轻且贫穷的老外在回龙观居住。有一天晚上，在回家的路上，我到路边的水果摊买苹果，碰到了一位同样想买水果但语言不通的黑人女士。我为她做了临时翻译，她给我说她来自纽约的布鲁克林区，并问我是否去过。我说我没有去过那里，但是我知道布鲁克林区是很多移民刚到纽约时的落脚之处，那儿承载着许多异乡人对于大城市的憧憬。

她问我是怎么知道的。我说我听过美国歌手卢·里德那首献给布鲁克林的歌《康尼岛的孩子》：

只要记住这座城市是有趣的地方，

是个马戏团，又是下水道，

只要记住每个人有自己独特的品味，

还有——爱的光辉。

鼓楼大街

鼓楼大街位于老北京城中轴线的北端，地铁二号线和八号线也交会于此。我对这里最早的记忆要追溯到《钟鼓楼》这首歌。那是大一的暑假，我和同学来北京，混入一个读北大的高中同学的宿舍蹭住。有一天下午只有我一个人在宿舍，我便用同学的电脑上网。电脑上的千千静听播放器自动随机播放出本地的歌曲。突然一段三弦的旋律跃入耳朵，我的心随之一颤。一看歌名，正是何勇的《钟鼓楼》。这段三弦的前奏据说是何勇父亲何玉生亲自演奏的。我将这首歌单曲循环播放了好久。歌词里的几个词——二环路、钟鼓楼、银锭桥、荷花，一下子就把那里的意象在我脑海中勾勒了出来。"是谁出的题这么的难，到处全都是正确答案。"这句歌词从那以后在我脑海中萦绕多年，和我漫长困顿的青春纠缠在一起，挥之不去。

宿舍的窗外暴雨将至，乌云压顶。屋里没有开灯，虽是白昼，却宛如黑夜。

当我在北京定居后，鼓楼大街成了我和朋友们最常聚会的地方。这里位于城市的几何中心，交通便捷。在这座巨大的城市里，散落东西南北的人们来这里都相对方便。对于外来者来说，也能很直观地在这里感到北京老城的风物。从鼓楼大街地铁站出来，便是北二环和护城河。沿着旧鼓楼大街向南，远远就能望到钟楼和鼓楼前后纵置，气势不凡。北京的钟鼓楼是我国古城中规模最大的钟鼓楼。日落时分，变幻的光影勾勒出钟鼓楼歇山顶的轮廓。巨大的体量，使其愈发显得黝黑、深邃与厚重。有几年，旧鼓楼大街路东有些胡同在拆迁，钟鼓楼前废墟一片。穿过断瓦残垣，进入一些破破烂烂的胡同里，能看到房产中介店的外摆广告，上面有二十万元一平方米的学区房以及总价几亿元的四合院，让人感到非常魔幻。有时在胡同里举起相机，就会有居民焦急地问："怎么又来调研了啊？到底什么时候拆啊？"

第一次到这里时，身边的环境让我想起赵薇《我和上官燕》那首歌："繁华的大都会，护城河的西河沿。古老城墙边，淡淡四季天。空气里的微甜，树荫里的夏夜。"这些歌词基本能代表我们"80后"这代人当年对于北京的想象，能引起北漂人的共鸣。这首歌讲述了"我"和一个北漂女孩合租的故事，故事的发生地就在鼓楼大街和安定门之间的西河沿社区。

那阵子我刚回国来到北京，还没有完全安顿下来，常和新朋故友在这一带吃饭聊天。恋地情结承载着异乡人的飘零之感。我试图在车水马龙、日新月异的大都市里寻觅一点儿熟悉的往昔。我还参加过沙发客组织的聚会，不少沙发客，特别是老外，都住在鼓楼大街附近。北京的老外们在空间上的分布大体上和酒吧、夜店高度重合，大致可以分为三大类：三里屯的多为白领，五道口的多是学生，鼓楼大街的老外则不乏游客和嬉皮士，其中很多还是口袋里没钞票但舌灿莲花的文艺青年，经济窘迫并不妨碍他们精神高傲。他们喜欢胡同和四合院，说汉语带京腔，喜欢显摆自己了解的老北京文化，虽然多是皮毛。一言以蔽之，就是欧美版的胡同串子。

我在沙发客聚会上认识了一个名叫 Mariah 的台湾女生，她平时一口台湾腔，但发短信和微信则用英文。因父亲在大陆做生意，她也跟着在北京居住多年。她读的专业是美学，我和她聊天时往往从李泽厚谈到刘纲纪，终结于 20 世纪 80 年代美学大讨论。后来她从父亲的高档公寓搬了出来，在鼓楼一带的胡同里租了一间平房，准备全力备考北大研究生。按照她的说法，胡同里的生活一切都很美好，除了厕所是公用的。

Mariah 带我认识了另一个台湾女孩 Jennifer，并带着我跟随 Jennifer 打入了盘踞在鼓楼大街的国际友人小圈子。Jennifer 算是 1.5

什刹海冬日的冰面上游人如织，远处便是钟鼓楼

代在美华裔。大约在小学四年级时，她随父母移民到美国。按照她的说法，"那时候大家好紧张哦，班里三分之一的同学都移民了。"现在看来，那一定是台北的重点小学，学生家长们非富即贵。Jennifer 长得有点像孙燕姿，瘦小，短发，大大的眼睛，娃娃脸。脸上肆无忌惮地洋溢着从没受过欺负的气息。我认识她的时候，她已有三十二三岁，和我一样是大龄单身。但她在介绍自己年龄时没有一点点焦虑，无忧无虑得让我羡慕。她性格异常开朗，举手投足妥妥的美籍华人做派，小麦色的皮肤带着南加州的阳光，一条日式锦鲤文身占据了整个背部。她说话中英混杂，说英文时是典型的加州口音，每句话以升调结尾，恨不得挑到天上，就像青春偶像美剧里的少年。成年后的她在世界不同国家之间独来独往。只因为想到大陆来看看，便辞了华尔街高薪的金融工作，只身来了北京。后来她找到了一份广告公司的工作，不过总是向我抱怨："你们这边总是喜欢做 PPT 哎。我以前很少做这个的。我以前汇报工作不一定要用这个的，口头直接讲不行吗？"

Jennifer 是一群鼓楼老外中的核心人物，经常带大家穿梭于鼓楼的各个酒吧之间。虽然刚到北京没多久，她对于鼓楼大街的吃喝玩乐已无所不知。哪里有好的精酿啤酒，哪里有国外小众乐队的演出，她比谁都清楚，掌握的信息量超过了刚兴起的智能手机，简直是人肉信息中心。

我问 Jennifer 她的身份认同是什么。"当然是中国人了。"她直截了当地用汉语对我说道。这个答案和很多华裔移民并不相同。"我不觉得我对美国有认同感。"她说，"我的美国朋友们小时候看的动画片，我都没看过。"真是童年的经历塑造人的一生。当被问到对大陆的感受时，她毫不遮掩自己的喜爱，"这里是最自由的地方"，她吐了一口烟。烟圈里似乎都有自由的味道，轻快地向天空飘去。我抬头往上看去，老槐树干枯的枝丫上挂着一轮残月，清冷的天空泛着幽蓝。

　　鼓楼大街是北京现存最古老的商业街区，起源于元大都时期的"中央商务区"。在旧鼓楼大街道路两侧，尽是各种各样的饭店。以这条主干道为树干，胡同像树枝一样分杈，向两边延展开来。许多特色酒吧，散落在胡同深处，好似藤蔓细枝末梢上结出的神秘果。这些酒吧的信息只能靠网络，或者通过某些神秘组织内部的口耳相传得知。我们经常去的地方是名叫 Modernista 的小众爵士酒吧，在宝钞胡同里，据说老板是三个海归留学生。

　　第一次去这个酒吧时，Jennifer 带着她的沙发客——一个来自夏威夷的华人一起前来。这个人个子不高，却异常强壮，像是迷你版的绿巨人。酒吧的小舞台上，一个由在北京的外国人组成的乐队（八成是鼓楼大街的老外）在唱自己的原创歌曲。歌词是英文的，偶尔夹杂一两个西班牙词语。唱到歌曲结尾处，主唱和乐手一起反复嘶吼"窝挨泥"（我爱你），用本地文化要素来表达他们丰沛的情感。

我们几个围坐在圆桌边，品尝酒吧自酿的啤酒。一个青年悲苦地诉说着自己坎坷的北漂演艺路。Mariah 伸出双手，握住他的一只手，用轻柔的台湾腔说道："要加油喔。"旁边一个混血男生则向我们讲述他的心路历程："我小时候长得挺像白人，越大越像亚洲人。我曾经很恨自己的长相，每天早上醒来照镜子，就觉得我要是能有张纯白人面孔就好了。不过随着年龄越来越大，我慢慢地能接受自己的血统了。也许这就是我的身份，我的命运。"他从美国来到中国，依靠中美融合的个人背景，给一位知名歌星当助理兼私人英语教师，年入七位数。不知是不是财富让他接受了自己。另一个英国嬉皮士大叔，讲述自己一路搭乘火车从欧洲来到中国的游历。他说："你们都不知道吧？蒙古国遍地是矿藏，乌兰巴托有着无尽的财富。"见没人回应，他咽下一口酒，继续自言自语起来。

随后酒吧里的荧幕上开始播放几个老外拍摄的短片。大概剧情是，住在胡同里的几个老外中有一个人失踪了，另外几个人遍寻他而不得。最后画面定格，远景是几个老外在大口吃饺子，近景是厨房的大菜刀。不知道编剧是否受到《水浒传》里孙二娘的启发，或是看过黄秋生的《人肉叉烧包》。随后便是舞蹈时间，整个酒吧都躁动了起来，不同国籍的青年男女挤满了舞池，有些甚至站在

鼓楼东大街的一处水族店内，浮动的水母像是飘在空中，好似幻境

座位上跳了起来。Jennifer拉着我们一起到舞池里参加群魔乱舞。我向她展示我从台湾综艺上学到的台客舞，想邀请她一起跳。但Jennifer却一脸陌生：什么是台客舞？她的那个沙发客，一身壮硕的肌肉也掩盖不住内敛和紧张感。他远远地站在舞池外面，举着硕大的单反相机为我们拍照。

那段时间，每到周五快下班的时候，我就会收到Jennifer群发的短信："Wanna meet? The usual place, Gulou."有许多个夜晚，我们一群人在鼓楼大街一带的胡同里转了一遍又一遍。我见过脏辫及腰的白人青年，见过中文流利、京腔堪比土著的印度人。也参加过老外组织的以"人均不超过50块"为主题的聚餐，和他们一起去过非本地人很难找到的小饭店。我见过一个加拿大人轻车熟路地找到拜登当年访华时去过的炒肝店，见过阿根廷姑娘熟悉地点十二块钱的宫保鸡丁盖饭，以及荷兰小伙掏钱时不小心从钱包里掉出来避孕套。在餐桌上，各国友人举杯欢呼，旁边小店的烧烤和肥肠味道也窜了过来。饭后这些老外还会在胡同里的食杂店买便宜的燕京啤酒，边走边喝，走到工体时正好半醉，便鱼贯钻入各个夜店。这种省钱的做派，简直和我在国外见到的大学生如出一辙。但是嬉笑打闹的背后，依然能隐约感受到他们骨子里对东方的刻板印象和文化隔阂是如此深厚，就像是在网络上的割裂面前所有言语都无能为力。

后来我的工作越来越忙，逐渐和这个小团体若即若离。现实的牢笼，隐藏在看不见的角落里。然后 Jennifer 莫名地不再理我。后来我跟朋友提起这些，朋友说大可不必在意。"有些人就是很怪的。"他淡淡地对我说。当时的我可能是最后一个用功能机——诺基亚6300 的人了。在我不得不换智能手机之后，我也丢掉了很多人的联系方式，包括这个小团体的成员。Jennifer 最后一次给我发短信，说她从北京搬到了上海。"这真是个很酷的地方，连出租车里都在播放《玫瑰玫瑰我爱你》。"她说。

人生海海。每个人都是一条直线，我们相逢一次，便渐行渐远。鼓楼大街则是我和他们唯一的交点。

后来有一两年时间，和这座城市里成千上万的大龄单身青年一样，我开始了频繁的约会和相亲——或许这两个概念在国内传统观念里并无区别。我来到鼓楼大街时已经抱着不同的目的，去见全然不同的人群。虚无缥缈的想象迅速被冰冷的现实取代。我们这代人注定不像 Jennifer 那样自由和洒脱。

鼓楼大街的确是个约会的好去处。各色餐馆沿着旧鼓楼大街一路排开，有炒菜有快餐，有国营餐厅、老字号和网红店。北京的卤煮、延边的冷面、日本的料理、东南亚的海鲜、土耳其的烤肉，世界各地的美食云集，可以满足各种口味。其他各种特色小店，也能提供多样化的饭后活动。你可以逛街，可以购物，可以听相声曲艺，可以泡酒吧夜店，选择多样，丰俭由人。在这里唱唱歌，跳跳舞，美酒加咖啡，一杯又一杯。

作为两条重要地铁线的交会站点，鼓楼大街地铁站很大，换乘或者出站甚至要走一两千米的路。在众多地铁出口中，我约会见面时往往选择 E 口。搭乘八号线至最南端的终点站鼓楼大街，下了地铁后走到 E 口，还有很长一段路。这一路是我心跳最快的时刻，兴奋和忐忑并存。我用赵本山的小品《我想有个家》的情节帮自己平复心情："我叫赵英俊，我叫不紧张。"理智告诉我，相亲成功本来就是小概率事件，只有当样本量足够大时才会发生。但潜意识里却希望能一战定乾坤。虽然之前在网上聊天不少，但在现实世界见面之前，你永远不知道对方真实的样子。网络缩短了人与人的距离，但现实中的人们依然隔着万水千山。两个陌生的人，在双向奔赴的路上，各自内心都缓缓升起绚丽的泡泡，然后再被现实戳破。中国式相亲把一生的幸福浓缩到一次性开启的盲盒里，真是刺激的赌博。

第一次的相亲对象是一个上海女生，藤校海归，艺术界人士。她约我在旧鼓楼大街上的麦咖啡见面。那家麦咖啡的建筑有着古色古香的装饰，但内部却信号不好。"要不咱们换个'decent'的地方吧。"她对我说。是的，她说的就是这个词，发音银铃般清脆，咬字清晰精准。然后我们一路向南，最后鬼使神差地来到了我熟悉的一家河南烩面馆。我不知道烩面馆算不算 decent，不过这里后来成了我的相亲根据地。从那以后，我习惯于在地铁站见到约会对象后，和她一起沿着旧鼓楼大街浏览路两侧的各种餐馆，谈论去哪家好。在启动了这个破冰话题之后，常常是我们一路走到底，来到那家烩面馆。这家的烩面真是少有的地道，和郑州几家知名烩面馆的口味相差无几。里面还有很多河南特色菜，一般我们会点一份蒸菜拼盘——无油、好吃、健康，又让她们觉得新鲜。到这个地方，一来让带的妹子尝点不同的东西，二来我自己难得进城，也借此机会打打牙祭，一箭双雕。尴尬的是，去得多了，店员都认识我了。每次我带不同的女孩子去时，便能从他们眼神中读出一丝异样。我只好安慰自己：他们并不理解我的苦衷。

吃完烩面后，我们一般会在附近走走。烩面馆在旧鼓楼大街最南端，过了马路，绕过鼓楼，可以经鼓楼东大街到南锣鼓巷。南锣鼓巷是典型的旅游景点。从北边的入口一直到最南头，大多数商店贩卖着和全国各地景区一样的工艺品和小吃。类似的商业业态甚至逐渐蔓延到北锣鼓巷。

我们也可以走另一条路，沿地安门外大街一路走到烟袋斜街，再从烟袋斜街去往后海。烟袋斜街走不了多远，便到了《钟鼓楼》歌曲里唱到的银锭桥。过了桥便是数不清的酒吧。这些酒吧大多开敞着门窗，从外面经过，驻唱歌手的表演一览无余。不过在酒吧街上走上五十米，能遇到八个拉客的人和五个卖花的大姐。当你和一个女生一起走过这里，卖花大姐必定揪住你不放："帅哥快给身边的女朋友买束玫瑰花吧，9 枝天长地久，10 枝十全十美，11 枝一生一世，12 枝爱你到永远……""啥，不是你女朋友？那买了不就是了吗？大兄弟不是我说你，这男人得舍得花钱女人才会喜欢你……"沿湖边经过游船码头，来到南头的荷花市场，基本上就剩两个选择：如果还想继续深入接触，就沿着前海东岸轧湖滨小路。如果没有太多意思，则就此告别。

在那一两年里，这两条路线我走了很多遍。我想起高中午休时从广播里听到的一首歌——动力火车的《忠孝东路走九遍》。那首歌描写了一个歌迷的故事，讲述他在台北的忠孝东路为爱徘徊，虽痛苦但浪漫。相比之下，我在北京的鼓楼大街相亲，既无奈又庸俗。人与人的际遇，真是云泥之别。

鼓楼大街一带的路边小店总是走马灯似的变换。没隔多久，再去的时候就发现上次去的地方已经换了主人，其中不少是文艺小店。不知道在店铺变更的背后是否有文艺青年们的泪水。我的重要约会据点——那家河南烩面馆，也不知道什么时候变成了一家京味小吃店。它就像鼓楼大街上很多别的店一样，就像我许多的相亲经历一样，都悄无声息地消失了。

当然也有不变的。旧鼓楼大街西侧的小八道湾胡同里，有一个鼓楼西剧场，是新锐小剧场的代表。我和前任分手之后，还一同去看过戏剧《枕头人》。这部剧显然不是一个欢乐的故事,让刚分手之后的我更加难过。春夜的暖风饱含忧愁,让人格外抑郁。

阿兰·雅各布斯坚信"伟大的街道造就伟大的城市"。我不知道鼓楼大街算不算伟大的街道,也不知道北京是否因它而伟大。我始终相信每个人都有着一个属于自己的宇宙。在那个宇宙中,人们超越物理规律,用想象肆意地构建自己的城市,用自己的经历和想象去给它添砖加瓦。在我个人的宇宙中,鼓楼大街不是地铁站的名字,也不是城市的中轴线,而是一个异乡人漂泊之旅的出入口。

记不得是 2017 年还是 2018 年,在鼓楼广场修好之后,我又和朋友在鼓楼大街吃饭。饭前我曾在鼓楼广场驻足片刻,平静地将城区的变更看饱。我看着孩子们在广场上滑着旱冰,老人们三三两两坐在城楼脚下。微风吹过,槐花飘落一地,脚踩上去,发出窸窸窣窣的声响。有那么一瞬间,似乎感觉那些人、那些事、那些个日日夜夜,就都像落花一样,轻飘飘的。华北春夏之交的微微燥热,南京秋天满大街的桂花,琥珀橘味小麦白啤,许多年前的晚上轻触到某人的指尖……很多事物和记忆的味道似乎都是一样。

在我看来,地安门西大街和内大街的交叉口,有着最典型的京城风貌,好似北京老明信片上的图画一般。宽阔的大道两侧有着不高的行道树,冬天的时候光秃秃一片。电线杆上常年挂着红灯笼,不知是在庆祝节日还是过完年后一直没摘下来。路边都是一层或两层的老房子，均为坡屋顶的仿古建筑，也有个别方盒子的苏式建筑穿插其中，色彩倒是整齐划一的深灰色，看起来还挺和谐。无轨电车在路上来来往往，多少年都没有变化。

曾经有一个晚上，Jennifer 带我们一群人去找 DADA——一家以电音知名的夜店，我们就从这个路口经过。和我同行的一个老外，从口袋里掏出一包中南海，递给我一根。我说我不抽，在外面吸雾霾就跟吸烟似的，你还要抽烟，是不是脑门被驴踢了？他问我，为什么是被驴踢而不是被马踢？驴是不是有特别的意义？那两年雾霾严重，PM2.5 指数破表的时候，不戴口罩，就能闻到类似烧麦秸秆的气味。那股味道让我联想到北方农村的黄昏。那天晚上，不知道是因为喝多了，还是夜色太过朦胧，我们最终没有找到 DADA。我们在黑夜里走过一条又一条街，就像蹚过一条又一条河流。城市是无边的原野，远方依稀闪烁着火光。最后不知走到了哪里，周遭漆黑一片，悄然无声，一切真实的、虚假的，都消失不见。眼前出现了一束强光，光线不断旋转扩散，形成一道圆环。圆环中央是一个黑洞，里面是纯粹的空灵，三千世界碎为微尘，若梦幻，若泡影。我们仿佛站在科幻电影里的异次元的边缘。超现实世界的大门就那么打开了。空气中的颗粒在强光的照射下做着布朗运动，宛如宇宙中的星辰、粒子与尘埃。天地茫茫，万物寂静，我们站在逆流的水中央，时间擦着脸颊飞过，迅疾如流矢。我们朝着黑洞望去，里面

远离了地心引力，没有任何束缚，没有任何忧伤。身边的伙伴纷纷
嬉笑着走了进去，头也不回，慢慢消失不见。人的命运啊，也许就
是那么一跨，就都过去了。我的心怦怦地跳，但双脚又踟蹰不前，
最终整个人卡在入口处，进退两难，浑身动弹不得。

就像在许多个梦里发生过的那样。

奥体公园

　　若干年前，在一个寒冷的冬夜，我搭乘八号线最后一班地铁回家。没想到这班车只开到奥林匹克体育公园站。到站后，所有的乘客都被赶下了车。我随着三三两两的乘客，一路来到位于奥体公园内的地铁出口。眼前的场景让我印象深刻，硕大无朋的广场，在呼啸的北风中，显得格外萧瑟清冷。无尽的空旷感从四面八方漫卷而来，所有人都浸入其中，几近窒息。那两年冬天雾霾异常严重。抬头望去，远处的楼宇在雾霾中若隐若现，天与地在夜幕下融为一色。四周的景象宛如电影《寂静岭》中的场景一般，让人感觉不远处很可能会跳出一个异形生物。

　　夜幕下的奥体公园，是个能同时感受到现代主义的宏大和未来主义的神秘的地方。在这里漫步的时候，会遇到许多不常见的景观。作为地标的观景高台像大钉子一样矗立着，在夜里发出饱和度很高的绚丽的光，颇有科幻电影里的赛博朋克风格。公园周边各种各样的大体量建筑，单个看起来设计尚可，但集合在一起，效果就一言难尽。有一处高楼顶着一个巨大头冠直冲云霄，既像龙头，又像火炬。还有一栋黑黝黝的写字楼，呈立方体形状，体量巨大，立面皆墨，却完全没有窗户。它让人联想到电影《心慌方》里那个神秘的立方体，或是《2001太空漫游》里反复出现的黑色长方体。夜晚人很少的时候，站在空旷的公园里遥望这些寂静的建筑，一种末世的幻灭感油然而生。

在北京的众多公园中，奥体公园是极为特殊的一个。它是一场体育盛会的副产品，十几年前的夏天，我在北京目睹了这场盛大的狂欢。夏日的热浪伴随着全球化的潮流，席卷全国。所有人都置身于这种狂热的氛围之中，亢奋的民族情绪达到顶点。这座两千多万人的城市是这种情绪的中心。当时我的不少学长学姐们担任各项赛事的志愿者，在他们的关照下，我们得以免费入场观看了手球、水球等不少非热门项目的比赛。我们享受着现场热烈的氛围，和各国游客一起合影、狂欢。残酷的竞技体育赛事表面看起来像是一场盛大而隆重的国际派对。置身其中，才深刻地感受到奥体公园更像是一个市民活动与交流的场所。

亲临奥运会赛场让我第一次感觉到，一直以来，我们对于体育比赛的态度是不是过于严肃了？"锦标主义"似乎是东亚文明的一种与生俱来的基因，被应试教育塑造世界观的一代对此深有体会。过重的胜负欲，会导致无暇去探寻事物的本质，会让我们失去娱乐精神。鸟巢和水立方这样的场馆所在的奥体公园，从其生成的基因上来讲，不仅仅是大型体育赛事的产物，更应当是一个充满娱乐精神的场所——你能在这里看到穿汉服者或者角色扮演的集体活动，以及中老年人随着音乐集体起舞。这个公园就应该是这样的一个都市秀场。

奥运似乎是一场昨日的梦境。相对而言，奥体公园内的各个场馆并未完全过气。水立方被开放为公共游泳场，尽管门票价格不菲，但不乏人气。在冬奥会期间，水立方又变成了冰立方，成为冰壶比赛的场馆，焕发了第二春。鸟巢则一开始被传要成为北京国安的主场，但随后一直是卖票供人参观。除了偶尔举办一些体育赛事和文艺演出，鸟巢更像是纯粹的旅游景点。脱离了运动场馆的业态，它在用另一种形式的空间生产讲述着后奥运时代的中国故事。

建筑师克里斯托弗·亚历山大说："建筑和城市是人的延伸。"在我看来，人对城市空间的偏好是其内心的投射。年轻人心中往往洋溢着革命性的激情，总觉得自己是未来世界的主人，而人到中年后则日渐理性，也逐渐保守。很少有人能够在感性和理性之间保持合理的平衡。多年前我在上海读书时，却喜好京城的宏大。大学暑假我和好友从南方坐火车到北京，宽阔的马路和巨大的广场让我们倍感亲切。那时候内心并无"人的尺度"的概念。而人到中年才发现，年轻时喜欢的宏大空间，如今只能衬托出自我个体的渺小。

奥林匹克体育公园是这座城市宏大的营建模式的代表。它巨大、空旷，同时又融合了诸多中国特色的时代元素。漫步其中，能让人联想到这座城市的一些典型空间特征——看上去壮观但使用起来并不方便。理论上北京并不是一个非常宜居的城市，但却挡不住人们如潮水般地汇聚于此。无数北漂的人，对于城市的种种不便表现出了惊人的耐受力。这座巨大的公园就像是这座巨大城市的一个缩影。粗犷的管理风格与浓郁的生活气息形成鲜明对比，又无时无刻不在相互碰撞。

从另一方面来说，城市布局也最好是疏密相间。久居都市格子间的人，内心都向往郊外原野的辽阔无垠。清晨和夜晚的奥林匹克体育公园，因游客稀少会显得空旷异常。此时的公园会让我联想到华北平原一望无涯的原野，或者是北方的草原和戈壁。那一刻我理解了为什么高楼林立的曼哈顿需要一个大型的中央公园。都市人需要沉浸于无边的空旷中来放松心灵。

其实与各地新城新区建设中饱受批判的"大广场"相比，奥体公园并不算是那么地大而无当。说是公园，其实它更像是一个线性广场，甚至是一条南北向的大道。在更宏观的尺度上它是北京中轴线向北的延伸。古都的中轴线，从永定门至钟鼓楼一线，在1990年亚运会后向北延伸到亚运村，到2008年奥运会后继续延伸至奥林匹克体育公园和奥林匹克森林公园。这座公园从南到北跨过两三站地铁的距离，呈现出一种线性流动感。它开始于南侧的鸟巢、水立方，到中部的玲珑塔和奥林匹克瞭望塔，再以北边奥森公园的仰山作为视线焦点而收尾，公园的景观序列南北贯通，视觉焦点设置颇有匠心，为游人提供了一种线性的漫游体验。在一天的大部分时间里，这里都不乏人气。大量的外来游客和本地居民在这里散步、聚会并进行各种体育活动，让这里更像是一条运动型的景观大道。两侧充足的座椅也便于游人逗留，当然树木的稀少则让夏日漫步者颇为难熬。

如何评判公共空间的优劣？可能最终有资格做出判断的还是空间的使用者。或许我们应当暂时脱离当代城市设计与建筑学的规范，从生活场景中去探寻空间存在的多维价值。社会学家米歇尔·德塞图提出的日常生活实践理论，将"场所"和"空间"区分开。他认为"空间是被实践了的场所。由都市规划所定义的几何形街道在行走者的脚步下转化为空间"。从这个角度来讲，有人使用的空间才是好空间。我们的公共空间的意义并非立足于设计师的设计意图，而是有赖于市民的挖掘使用，以"二次设计"的方式为其赋予意义。

与其他城市刻意打造、更适合鸟瞰的"X轴X带"的展示性空间不同，奥体公园的意义不仅停留在平面图上，它从来不缺乏现实中的人气。如今这个公园更像是一个集观光、休闲、健身等多重功能于一体的综合场所。大量的来京游客把这里当作北京之旅打卡地。拍快照的人举着到此一游照的牌子吆喝，这和各旅游景点高度同质化的服务并无不同。比较有特色的是本地市民的健身生活。傍晚时分，年轻人把这里变成了滑板的海洋——双翘、陆地冲浪板、长板等不一而足，也有玩游龙板和漂移板的孩子们一闪而过。有教练在现场教儿童滑旱冰。几十个孩子飞速滑行，绕成一个巨大的圆圈。眼前的场景让我想起20世纪八九十年代夜幕下的天安门广场：孩子们在广场上滑冰，青年们坐在地上，在昏黄的灯光下读书。这样的场景存在老照片里和我的记忆里。如今，流连于公园和广场的生活美学在移动互联网的冲击下逐渐淡化。但奥体公园，公共空间依然具有勃勃生机。尤其在疫情期间，当饭店、咖啡厅、电影院全部关门时，人们无处可去，于是回归公共空间，重启了20世纪90年代的逛公园、轧马路的休闲方式。我们得以从公共空间中再次解读出一种市民性和公共性。

作为公共空间的公园与广场其实是舶来品。在我们的传统城市营建中缺少公共空间，而我们的日常生活也缺少以公共空间为媒介构建公共生活的经验，因此在建造公共空间时缺少本土化的考量。在建筑设计效果图上出现的往往都是国际友人，并且欧美白人居多，本土的广场舞是绝对不会出现其中的。但在现实中，最终还是中老年人形成了一种中国特色的空间使用方式。与之相伴的，是一种土洋结合的、混杂的"杀马特"文化，它在现代性的范式中并不优雅，但活力十足。它消解了自上而下的精英式的空间营造模式。因此，我们在现实中看到的更多是将各种外来的空间—文化双重解构后的本土再创造产物。显然，这不是单纯的模仿和复制，无法简单套用文化符号去理解。

夜里的奥体公园成了大型的露天舞厅。这里没有大规模的广场舞，却有着在其他公园难以见到的交谊舞、露天练唱和蹦迪。很多中老年人三五成群，带着音响功放、效果器和大屏显示器，在一个个半围合的角落里，搭建起临时练歌角。他们不仅自己唱，还欢迎路过的行人即兴表演。他们唱的歌曲颇为接地气。这边两人深情对唱《为了谁》："泥巴裹满裤腿，汗水湿透衣背。我不知道你是谁，我却知道你为了谁。"那边则是草根歌手的《相伴一生》："（男）和你相识在人海，是上天的安排；（女）红尘之中遇见你，就注定离不开……"农民工们也从附近工地骑着自行车赶来。他们在一天的辛苦劳作结束后，也陶醉在欢快的歌曲之中。此刻，你会感到单纯的快乐在这里可以如此容易地获得，而公共空间的各种不便也可以被原谅了。

蹦迪的多为中年人。在广场一角，十几个人围成一圈，和三里屯夜店里年轻人的站位类似。他们自带低音炮音箱和镭射灯，播放的音乐是全世界各个年代流行乐曲的串烧。舞曲都会叠加上车载的士高的节奏。光怪陆离的灯光打在他们的身上和脸上，一众人随着劲爆的节奏大幅度摇摆身体，沉浸其中。这似乎是早些年夜店的风格，让人想到几年前风靡一时的"尬舞"[1]。几位核心成员的打扮都是夸张的"杀马特"风格。一个身高不到一米五的大哥脖子上挂着一个不断闪烁的发光环，以极高的频率疯狂地摇头晃脑。他对面是一个穿着洛丽塔裙子的大妈。两人越靠越近，全然不顾他人的目光，一起尽情释放自我。如果是在潮流夜店，他们或许都会隐于边缘，但奥林匹克公园在此刻为他们提供了一个能站在中心位置享受喝彩的舞台。随后，越来越多的人层层围了过来。尽管很多人依然保持着中国人特有的羞涩，只是在外围围观，但还是不断有人进入内圈，放下矜持，尝试融入乱舞的人群。光着膀子露出文身的大哥，也和时髦女郎你来我往地开始"斗舞"。

这是一个难得的场景，社会圈层在此刻荡然无存。年轻的潮人、广场舞大妈和穿着工服的农民工，在这个露天的舞厅里融为一体。除了这里，我想再也找不到其他地方会有这样的社会学场景。对于大多数普通人来说，一生中能有几次肆意跳舞的机会呢？等到午夜

---

[1]2017 年时有一些市民聚集在公园广场跳舞并进行直播。因舞者造型和舞蹈动作夸张，有网民揶揄其会让人尴尬，称其为"尬舞"。也有很多人认为"尬舞"充分体现了草根市民的活力。

时分音乐结束，大家各自散去，在茫茫城市中再也没有交集。而在那之前，再深刻的思想者，也会按捺不住，想随这劲爆的舞曲一直跳到天明。

复兴路

高一暑假时，我第一次到北京，到达住处时天色已晚，只记得黑夜就像这座城市一样硕大无朋。我和我爸沿着一条东西向的大道走了好久，途经好几个极为宽阔的路口，最后找到玉泉路地铁站才摸到住所。我当时对地理方位并无印象，能记下玉泉路的地名，还是因为我把这个名字听成了当时的流行组合"羽泉"。后来在地图上看，我们一路走来的大道，便是复兴路。

高二暑假时我第二次去北京，是和几个同学一起去央视参加少儿节目。对于终日沉浸于《走向清华北大》等教辅书中的我们来说，北京是对于大都市的最终幻想，也是人生试卷的标准答案。这座城是吞吐万物的巨兽，它的浩大与少年们的热血没有来由地牵连在一起。对我们来说，北京是歌曲《那些花儿》，是电视剧《北京夏天》，是电影《开往春天的地铁》。我至今仍记得那部电影开始的镜头，青涩的建斌拉着小慧的手在北京站的出口说："现在是 1993 年 11 月 20 日下午 6 点，我们——刘建斌和陈小慧来到北京了。"两个年轻人眼里满是幸福的光芒。

当我们从西客站走出，这座城市的气息扑面而来，熟悉又新鲜。我们住在公主坟，城乡购物中心附近。那儿的新兴桥立交，绕一圈有一个世纪那么漫长。年少的我们都被建筑与道路的巨大体量所震撼。我们在立交桥下绕道，再走上宽阔的复兴路。眼前的景象就像是摩西分海，海水左右分开，形成道路两侧大板楼那高耸浩荡的壁墙，宽豁空旷的马路则是被抽干了海水的干涸海底。烈日烘烤之下，我们汗流浃背、步履蹒跚地沿着大路前行，瘦弱的身躯就像是行将融化的黏稠柏油。

回想起来，最初和北京的几次接触都和复兴路有关。多年后，当我再次踏上这条路时，回忆便像电影的慢镜头一般缓缓展开。复兴路位于北京市海淀区南部，是长安街的西段。它东起木樨地大桥，西至玉泉路，因为位于复兴门外，又要区别于复兴门外大街而得名。5 月底的时候我去 301 医院，骑车疾行在复兴路上。眼前马路宽阔，行人稀落，绿化隔离带里的青草茂盛，几乎要遮住路灯灯柱根部的金黄色的浮雕。路两侧少有沿街商铺，一些大院和门口的哨兵间或闪现。行道树是高大挺拔的白杨，微风拂过，树叶沙沙作响。阳光从树叶间隙洒落，在马路上留下一个个椭圆形的光斑。光斑在路面上不住地跳跃，像夏日午后湖面上的粼粼波光。

穿行在这条路上，一些微小的细节，让人感到既熟悉又陌生。空间、时间与记忆相互交错。心底坚固的外壳，此刻仿佛出现些许裂痕，一些似曾出现过的感受像涓涓细流般从缝隙中淙淙涌出，继而弥散开来，充盈整个身体。一种部队大院的气息再次被嗅到。整个海淀区西部，可以说就是一个巨型的部队大院。从公主坟沿复兴路一路向西，到玉泉路直至西山，空军、总后、总参、炮兵、装甲兵等各部队大院依次展开。因此，复兴路在"文革"期间还曾经被称为解放军大路。改革开放后，从这些大院走出了不少军人子弟出身的文艺界人士，王朔是其中重要的一个文化符号，他在半自传小说《看上去很美》的开篇写到这条路："北京复兴路，那沿线狭长一带方圆十数千米被我视为自己的生身故乡……我叫这一带'大院文化割据地区'。"而他长大的地方是复兴路29号——总参军训部大院。部队大院有着自己独特的文化。按照王朔的说法，"这一带过去叫'新北京'，孤悬于北京旧城之西，那是1949年以后建立的新城，居民来自五湖四海，无一本地人氏，尽操国语，日常饮食，起居习惯，待人处事，思维方式乃至房屋建筑风格都自成一体。与老北平号称文华鼎盛一时之绝的700年传统毫无瓜葛"。若干年前，我的一位"新北京人"朋友曾经和一位来自西郊部队大院的女生相亲。尽管她家中四老都是本地人，但她依然用"中央人民广播电台"式的标准普通话，和老北京们在语言上划清界限。她对我朋友说："我大院长大的，平时都不太想说北京话。我觉得啊，北京话特侉。"

以部队为典型代表的各类大院，构成了计划经济时期城市的骨架。长安街是北京最重要的交通轴线，代表着正统，展现着大气。当年的城市建设，受到苏联的影响很深。沿着复兴路的一号线地铁，无论是地下空间的装潢，还是地面的出入口，都体现了苏式建筑风格。道路两侧地块巨大，四面高墙围合成一个个大院。长安街向西的延伸段复兴路，同样继承了这样的气质。这条路并不符合新城市主义的建设准则，但却保留着特殊历史时期浓厚的文化印记。沿街的央视大楼、中华世纪坛、军事博物馆等重要公共建筑，都展现出宏伟大气的特点。特别是军事博物馆，是典型的经由苏联改造的现代主义建筑的代表，其展现出的巨大又华丽的机器美学，极具震撼性。主体建筑中轴对称，突出整体性、秩序感。标志性的主楼高耸，回廊宽缓伸展。而在复兴路西段，又因各个部队大院的存在，更加呈现出威严的气质。漫步在复兴路上，能不时瞥见苏式设计美学元素。部队大院里的建筑明亮高大，线条硬朗突出。斯大林式的公共建筑和赫鲁晓夫式的混凝土火柴盒深藏于高墙深处，在参天树木下隐隐探出头来。

在改革开放特别是 20 世纪 90 年代后，市场经济成为都市生活的主线，大院文化逐步退出历史舞台。中央商务区和商品房小区成为新的空间叙事主流。复兴路一带因为大院云集，在城市翻天覆地的变化中一直保持着原样。除了五棵松附近建起了凯迪拉克中心——那是资本的新故事，当然也和过去有千丝万缕的联系。总的来说，这是一片时光停滞的区域，你可以在巨构建筑的细部识别出风行一时的构成主义和粗野主义，继而解读出那个年代宏大叙事下的生活的细节：特定历史时期的审美、集体主义的秩序、世界的宏大与个体的孤独。我在东柏林的卡尔·马克思大街，在华沙市中心的科学文化宫一带，都曾有过类似的感受。按照美国社会学家威廉·怀特的说法，"街道是城市的生命之河"。从这条路走过，你能感受到时光的河流曾流淌过什么。

在孩子的眼里，部队大院是宽阔的、明媚的、阳光灿烂的。一方面它是大院孩子成长时期的乌托邦，另一方面它却与他们生成个性的精神内核有些格格不入。大院孩子的内心深处不乏对集体的逃避和对个性的追求。一方面，优渥的成长环境为自我觉醒提供了物质土壤，另一方面，部队大院是等级与秩序最为严格的地方。军人家长们的权威和规训，与儿童正在形成的自我意识相碰撞，火花四溅。孩子们内心会本能地生出反叛情绪。长大之后，从大院走出的文艺青年们，在文艺创作的潜意识中，是在表达那些心灵上曾经的焦灼。在那个特殊年代，大院的集体主义美学衍生出了"血色浪漫"亚文化，并持续延伸出20世纪八九十年代的摇滚乐和通俗文学的支脉。在这些作品中，集体主义的正统与强烈的个性化的表达之间形成了一种异常微妙的关系。

与大院的威严、压抑与克制相对的另一面，往往是冲动和欲望。在冰冷的钢铁洪流之下，往往有敏感细腻的内心在生长。初夏的空气中，弥散着涂在行道树上的某种杀虫剂的味道。那是一种浓烈的腥味，让人联想到生殖的气息，或者是王朔的小说名《动物凶猛》。性感来自禁忌，万物生长的本能欲望，在内心深处隐而不发。姜文的电影《阳光灿烂的日子里》，苏式建筑气势磅礴、体量庞大、棱角分明，与宁静丰乳肥臀的曲线形成强烈的对比。马小军们的冲动便因这样的对比而产生。

不同于王朔的顽主文化和姜文的英雄情结，部队大院于我而言更像是漂泊人生中短暂且美好的故乡。人终究会长大，但幼年的记忆则能持续很久。关于乌托邦的旧梦，时不时闪现于脑海。在我小学六年级时，我爸转业，我家搬离部队大院。对我来说这意味着童年时代的终结。后来的日子里，我无数次寻找类似的地方——就像是有初恋情结的人，总是在人海中寻找初恋的模样。部队大院最早塑造了我对空间和场所的认知。我的一段生命，就那么被封存在过往之中。我记得路易丝·格吕的一句诗："我们只看过这世界一眼——

在童年之时，剩下的都是回忆。"身不在场的时间被逝去的感伤填满。在多愁善感的青春期，我无数次幻想在另一个平行宇宙中依然身处部队大院的我。我不知道他长大后是什么样子，但我了解他内心的那个小男孩。这种幻想一次次帮助我从压抑的现实中抽离。

未知即自由。那个大院里的孩子永远长不大，太阳永远不会落山。在幻想一次次被现实撞击后，我试图去破解内心的密码。那似乎是一种时代的混合物。20世纪80年代人文思潮跌宕，我们发出一无所有的呐喊。20世纪90年代消费主义风乍起，怀旧者变得无地自容。21世纪初充斥着希望、躁动与诱惑，信息时代的比特流驱散旧日遗梦。幼年时的计划经济和集体主义逐渐远去，但仍保有相当多的遗产。大院古典美学瓦解之时，新的范式尚未形成。我记忆深处的不是那些大院子弟们所怀念和讴歌的"血色浪漫"，而是在温暖的幻觉之后那无边蔓延的孤独，以及日后长久的、徒劳的挣扎。铁打的营盘流水的兵。空间以其持续性告诉我们何谓真实的存在。我们可以触摸空间流动的质地，来获得个体精神之间的隐秘连接。此刻，这条路上的声响汇聚在一起，共振出节奏强烈、铿锵有力的乐曲，似乎是苏联摇滚歌手维克多·崔正在演唱着那首《血液型》："温柔的安乐窝，不过街道在等待我们的脚步。军靴上面如星光的尘埃……舒适的沙发、格子纹路的沙发套、没有按时扣动的扳机。阳光照耀的日子只是在灿烂的睡梦中……"

从医院回来的路上，落日的余晖为我送行。经过公主坟的立交桥时，前方骑车者的影子不断被拉长、放大，又迅疾地消失。从桥下穿过后，身后似乎有巨幕落下。夕阳斜射，路面闪烁着黄金的光泽，有些刺眼。路边出现的醒目的建筑群，那是中央广播电视总台的旧址。梅地亚中心通体金黄，像是一个时代的遗物。我想起高二暑假在那里参加节目后的情景。我走出演播厅，远远看到一位我儿时每天都在电视上见到的少儿节目主持人，她是我那时唯一的偶像，岁月不曾在她身上留下任何痕迹。她站在大厅的一角，像多年前在电视上一样，端庄秀丽，浅笑盈盈，像是时间的一个顿号。我没有去求她签名，也没有要求合影，只是远远地看了看便转身离去。

第四章 世间游

一切久已存在，一切行将重复，只有相认的瞬间才让我
们感到甜蜜。

——曼德尔施塔姆

夜航

有一段时间，我经常搭乘夜间航班前往新疆。当整个城市都开始安睡时，我正站在首都T2机场的摆渡车上，观察来自边疆的细节。我看到穿着民族服饰的少数民族同胞，偶尔也能看到"亚洲蹲"的俄罗斯旅客。等到午夜时分，我终于进入机舱。这时的飞机上不会有白天的喧嚣。很多人脖子上戴着颈枕，抓紧时间休息。座椅靠背上的小屏幕也被收了起来，不再播放视频。

于是我便开始了一次进入夜幕的旅程。窗外漆黑一片，漫无边际，不能像乘坐白天的航班那样看到飞机如何脱离地面，又如何融入天空。天地间一片混沌，隐约能看到一些云朵在缓缓后退。机翼边缘的信号灯不断地闪烁，仿佛海上的夜航船向远处发出信号。无边的黑暗让人产生莫名的恐惧，而远方依稀的星星点点则给人稍许安慰。

在三万英尺的高空浸入无边的夜色，人会生出一种独特的感受。随着高度的上升，气流冷却，微尘坠落，皎白的月光浮起。你会看到云层远处与你平行的月光与星光的闪耀。你会理解星辰大海这个词的真正含义。夜幕下的天空像海洋一样辽阔、静谧、深不可测。这是世界上最大的一片海，大得不可描述。我们在这里与群星、满月一起，穿越无边的黑暗，去追逐光明。我们是在天空上吗？那远方皎洁着的是银河吗？似乎有忧郁的影子隐藏在星云深处。我们眼前的满天繁星，在几个小时后，就会变成漫山遍野的牛羊。

西部边疆与北京有着数小时的时差，在华北夜色深沉之时，那边依然艳阳高照。在这个自西向东自转的星球上，西行的飞机与晨昏线在进行着光明与黑暗的竞逐游戏。托卡尔丘克在《云游》里记录了这种飞行的感受，当她搭乘从伊尔库茨克向西飞往莫斯科的航班时，"时间在机舱内消失，分分秒秒都不会流失到外面去"。

我回忆起第一次到新疆时的时空错乱感。飞机降落时尽管已经将近夜里十点，但乌鲁木齐的太阳却尚未落山。为了便于第二天凌晨转机，我们住在机场附近的宾馆里，临近机场工作人员居住的小区。那一片的建筑有着20世纪80年代的风貌。居住区的小路上很少有人，空荡荡的，偶尔有一两个戴着头巾的妇人经过。路侧伫立着高大的白杨，它们比内地的白杨枝叶更少，因此显得更加挺拔。

一种旧时光的味道莫名出现。快到十一点的时候天依旧亮着，西斜的阳光把我们的影子拉伸到道路尽头。看到两个孩子牵着几只羊经过，一些特别的情愫便涌上心头。第二天早上八点钟起来，天还没亮，我们就要赶着转机去南疆。接客的面包车里塞满了睡眼惺忪的旅客，挤得像一盒沙丁鱼罐头。司机一口东北口音，跟随着车载音箱里播放的喊麦"名曲"《野花十三香》，嘴里发出呜呜声，像是在打节拍，也像是 Bbox 的表演。或许是艺高人胆大，他以赛车的速度驾驶着面包车在立交桥上左右漂移，我们在车厢里跟着摇摇晃晃。清晨第一缕阳光射入车厢内，我却分不清是黎明还是黄昏。而此刻的面包车车厢似乎变成了一个迷幻的迪斯科舞厅。

这时机舱里关了灯，乘客们纷纷进入梦乡。这样的时候尤其适合一个人静静地读书。打开座位上方的阅读灯，苍白的灯光直射下来。黑暗中的光柱里有无数尘埃在随机游走，仿佛一个小宇宙，以渺渺微粒，成泱泱星海。印象最深的一次夜读是在某次从深圳回北京的飞机上。三个小时的飞行中，我仔细地读完了胡成的蒙古国游记《我甚至希望旅途永无止境》。出发前，我还犹豫是否要带上这本两三斤重的厚书。没想到，旅途中它的魔力让人灵魂出窍。我整个人都融入了关于戈壁滩的字里行间，眼前尽是无尽的草原和沙漠。窗外是无边的黑暗，仿佛沙尘暴下的蒙古国。一瞬间，我终于意识到，走过了那么多的城市和乡村，蓦然回首却发现，漫漫的人生路只是世界的一瞬。

从北京飞往乌鲁木齐，2624 千米航程，旅途 3 小时 35 分钟。人的身体用最快的速度在空间中穿梭，生命或许被拉伸出新的形状。一个女人把头靠在旁边男人的肩膀上，两人的鼾声此起彼伏。而他们的孩子则精力旺盛，拒绝睡眠，一个人凝神看着窗外。可窗外并没有缤纷的世界，只有无尽的孤独。在前排座位后的小屏幕上，一个小飞机的图标在闪烁，展示着飞行的轨迹。这时才知道，我们已经飞过了无边的草原、黄沙和戈壁，飞过了无数的城市与村庄。切换屏幕，可以看到实时的飞行速度、高度和机舱外的温度。以前的飞机不会有这样精确的仪表。那些活塞式螺旋桨飞机，许多驾驶舱是敞篷的。飞行员戴着防风眼镜，呼吸着大洋的水汽和戈壁的沙粒，与风接吻，去靠近星辰。

《夜航西飞》这本书的名字适时地在脑海中浮现。夜航给人无尽的想象。在夜色中驾机飞行的人，像孤独的骑士，像自由翱翔的彼得·潘，或是蝙蝠侠。而西部同样是一个浪漫的意象：未知又陌生，充满野性。这本书的作者是柏瑞尔·马卡姆，一个自幼在非洲草原骑马、狩猎的女人。她在 20 世纪 30 年代驾机从英国飞到加拿大，成为第一位单人由东向西飞越大西洋的飞行员。在那个探险家的黄金年代，没有定位和导航，她依靠内心无比强大的勇气，独自穿过无边的迷雾和黑暗。历经 21 小时，独自一人与星夜共舞，这是何等浪漫。女飞行员的文字让人动容："三百五十英里可以是短暂的航程，也可以像从你所处的位置到世界尽头那般遥远。有许许多多的决定因素。如果是夜晚，它取决于黑夜的深度和云层的厚度，还有风速、群星、满月。如果你独自飞行，它也取决于你自己。不仅仅是你控制航向或保持高度的能力，也取决于那些当你悬浮于地面与寂静天空中时，会出现在你脑海的东西。有一些会变得根深蒂固，在飞行成为回忆之后依旧跟随着你。但如果你的航道是在非洲的任何一片天空，那些回忆本身也会同样深刻。"

另一位飞行家——凭借《小王子》而温暖无数人心的圣-埃克苏佩里，也曾驾驶飞机深入欧洲和北非的夜空。他在《夜航》中用细腻的笔触记录了飞行中雄奇壮丽的情景："头顶，星群。脚下，星座。五十亿英里之远，星系死去，像雪落于水。""大地布满灯光的召唤，家家户户对着无垠的夜空，点燃了自己的星光，好似对着大海开亮了灯塔。凡隐伏着人的生命的地方，都有亮光闪闪烁烁。法比安这次很高兴，这次进入黑夜像进入锚地，又缓又美丽。"天空是这位浪漫作家的最终归宿。二战末期，他驾驶战斗机消失于地中海上空，与小王子一样，悄然离开了这颗星球。

当我还是个学生时，因囊中羞涩，在旅行中没少搭乘廉价的红眼航班。欧洲的廉航往往是在深夜从偏远的小机场起飞。廉航飞机用一条条飞行轨迹，在夜色中勾勒出不眠的网络。我曾经从西班牙的塞维利亚去往德国的慕尼黑。飞机凌晨从马拉加的机场起飞，窗外城市的灯光越来越远，然后整个伊比利亚半岛也与我挥别。飞机在黎明即将到来前飞越地中海，然后掠过阿尔卑斯山。这些壮阔的场景我并不能看到，却在心里一一感知。在第一缕阳光照耀的时候，飞机抵达南德的一个小机场。南欧的热烈，与中西欧的冷静，就在一夜间变换。有一万种黑暗，就有一万种光明。

还有一次从上海去厦门。飞机降落前，舷窗外的鹭岛灯火通明。万家灯火清晰地勾勒出城市的繁华。在漆黑一片的海面中，闪亮的小岛格外让人动容。一种烟火人间的呼唤传来，很亲切，很温暖。从没有去过那个海岛小城的我，竟莫名地对那里产生了眷恋，有了一种回家的感觉。

夜间航班好似一个秘密组织，搭乘航班的人因为种种缘由加入其中。夜色中的机场成了一个临时的人类栖息地，收纳了世界各地的夜行者。很多人都会先在机场的候机室睡一觉，再于深夜搭上夜航的飞机。在国外，甚至专门有一个名为"睡机场"的网站，为夜间流浪者们提供旅行秘籍。这个网站像大众点评网一样，由网民点评各个机场睡觉过夜的舒适度。有不少人在这里为睡机场提出策略和建议，比如哪个机场的凳子没有扶手，方便躺在上面睡觉；比如哪个机场的候机楼容易进入，管理人员对睡机场的人格外友好等。我曾经在这个网站的指导下，前往比利时的小城列日搭乘瑞安航空的廉航，并在机场的地板上和夜航一族们共同度过了漫长的一晚。

经过几个小时的飞行，仿佛穿越了一个悠长的时间隧道。伴随着发动机的轰鸣和起落架打开的声音，我搭乘的航班终于降落在乌鲁木齐的地窝铺机场。机舱里一下子灯火通明，对于睡眼惺忪的人们来说有些刺眼。人们赶紧打开手机，去追寻信息时代错失了几个小时的人生片段。一个姑娘站了起来，拿着一个塑料袋，里面装了好几个玉米芯，那应该是这一路夜行的战果。她看着我，不好意思地笑了。梦醒了，我们纷纷回到现实中来。

奶奶

奶奶去世了。我在外出开会的路上得到了这个消息。我爸在微信上说："你奶奶的情况不理想。你明天回来，一起准备后事吧。"我回复说："要不我现在赶回去，争取见她最后一面。"我爸说："别回来了，已经晚了。今晚我就要和你大伯一起把她拉回老家，准备安葬。你还是明天直接回老家，准备参加葬礼吧。"于是我直接买了第二天下午回老家的车票。

我是奶奶唯一的孙子。在那个传统观念浓厚的大家庭中，我从小备受她的宠爱，尽管我一直对这种偏爱有些抵触。我出生前爷爷就已经去世了，在我印象中奶奶大部分时间都独居在老家的院子里。在四岁进城上幼儿园之前，我要么跟着我妈住在镇上她教书的中学里，要么和我奶奶住在老家这个院子里。在四岁时，我和我妈作为随军家属进城到部队大院安了家。有那么一两年，奶奶在老家帮着我二叔照顾他的两个女儿。读小学时，我基本上每年寒暑假都会回老家。那时我和奶奶感情颇深，在内心把老家的村子、奶奶的院子视为自己的故乡。不过上中学后，由于忙于学业，我回老家的次数越来越少。再后来，我去外地上大学，出国又回国，最后在北京安家，我和奶奶见面的机会越来越少，感情在不经意间就慢慢变淡了。这种情感渐变的过程，好似人到中年后刚发觉自己长出一丝白发，起初并不在意，若干年后蓦然回首，镜中人早已两鬓斑白。

奶奶老了后腿脚愈发不便。于是姑姑家给她在郑州找了套一层楼的房子，她从老家搬来，和我在郑州工作的表妹一起居住。偶尔她也会来我们家住一阵子，最近几年她也都来我们家过年，但我们却聊得越来越少。她的听力越来越差，和人沟通并不容易，于是她便很少讲话，经常默默地待在自己的小屋里。在前一年的秋天，她在焦作的大伯家时突然发重病。当我赶过去的时候，她已经神志不太清楚，很难辨认亲人。无论是谁和她说话，她都只发出呜呜的声音回应。我印象最深的是，她陷在病床上雪白又肥大的被子中，手里拿着一个病房发的爱心玩具。她把那个红色心形玩具紧紧贴在胸口，视线挂在正前方，茫然又无助，像一个婴儿。

从北京出发的高铁，只要三个多小时便可到达千里之外的漯河。我在火车上约了个滴滴快车，一出高铁站，司机便接上我奔往几十千米外的村庄。在夜幕中，我们很快下了国道，进入村道。窗外是漆黑一片的华北平原，前方只能看到车灯照亮的一小段路。车开得很慢，有一对青年男女的身躯在黑暗中浮现出来。他们不断贴合，又慢慢地融化在夜幕之中。

网络地图的导航在乡间依旧精准，车子在漆黑的迷宫中不断地左拐右拐，距离目的地是越来越近。不知道经过多少个转弯后，我们终于驶入老家那个村子。我依稀识别出眼前是一条东西向的主干道，这是我小时候和小伙伴们打闹游戏的地方。我曾在这条路上被野狗追逐，我爸也曾骑着二八大杠自行车带着我和妈从这里离开农村。每个村子都有这样一条主干路，以此为骨架，村子逐步发展为集镇，再演变为城市。一些老城区蜿蜒的路网，其实就是许多条这样的道路的痕迹。

导航很快提示到了终点，也打断了我的思绪。灵堂设在村子中心的道路中央，白色的花圈，白色的挽联，白色的纸钱在人们头顶飘荡，像是冬日夜空中的雪花。穿过灵堂，一身素白的大伯迎面走来，先是给我全身披麻戴孝，接着把我迎进院子。穿过院子里的灵棚，我随大伯来到屋子门口。门槛处放着一个火盆，火苗上下蹿动，衬得周围景象有些模糊。我的两个姑姑坐在门口，一边痛哭，一边往火盆里面扔纸。我按照引导，在门槛前跪下，对着屋内磕了三个头才走进屋子。

老家的堂屋已经让我感到有些陌生，记不得上次回到这里是哪一年。烟熏火燎的屋子里空荡荡的，只有正中央摆放着一具连接电源的水晶棺材。据说这个棺材是在焦作租的，陪着奶奶一路被运回这里。奶奶就躺在水晶棺里。我甚至没敢正视她，只是远远地瞟了她一眼，感觉很不真切，像是蜡像。屋子里到处摆满了白色的条幅。正中央靠墙的柜子上放着奶奶的黑白遗像，两侧摆放了香、蜡烛、纸钱和供品。

院子里人头攒动，其中有许多陌生的面孔。大伯和二叔简单地给我介绍了其中几人。有一位戴眼镜的老人，身着人民装，戴着一顶旧军帽，娴熟地指挥着每个人。能看得出他是族里有一定地位的长者。他给我详细地讲解了第二天葬礼的流程，以及需要做的礼仪：哪个环节要作揖，哪个环节要鞠躬三次或是磕头四次。

村里办红白事的鼓乐队也在院子里，五六个男女轮番吹奏，演奏一会儿便休息一会儿，接着再换一种风格的曲子——豫剧戏曲、民间乐曲或流行歌曲。到了子夜时分，整个乐队的人都拿着乐器站起身来，吹奏起格外欢快的曲子。几个人欢天喜地地边吹奏边跳，大幅度、夸张地摇晃着身体，并绕成一个圈跳动，像是跳大神和蹦迪的结合。不知道这是喜丧的礼仪，还是有什么特别的讲究。

到了后半夜，几个亲戚在堂屋守灵。我到堂屋东侧的厢房里睡觉。厢房里常年有两张床，以前回老家时我睡一张床，奶奶睡另一张。如今这里只剩下一张奶奶睡的床。我那一段时间睡眠不好，但不知道那天是太累了，还是沉浸于悲伤的氛围中，我衣服也没脱倒头便睡。堂屋的灯光忽明忽暗，透过厢房门上方残破的玻璃窗照射进来。突然想到，我曾经在这个房间里睡过几年，今晚也许是在这里睡的最后一晚了。

早上六点多起来，发现院子里聚集了一堆人。做饭的师傅已经开始准备大锅菜的材料了。站在晨曦中的院子里，我才意识到，这个我出生的村庄，如今已然变得陌生。在我以往的印象里，村民们住的都是平房，大部分是用水泥砖瓦搭建的，也有少量土坯房。我家的院子和房子，在20世纪八九十年代的时候盖的，算是比较新的。而现在放眼望去，家家户户都盖了两三层的楼房，有些甚至更高，像是在建模软件中将建筑批量向上拉伸了一样。曾经平坦的村庄，如今变得拥挤、杂乱和压抑起来，有了一些城市郊区甚至城中村的雏形。昔日村庄的田园牧歌已然远去。

吃完早饭，亲戚们告诉我，上午的流程从娘家人前来吊唁开始。奶奶姓张，是邻村人，但她一直以李家人自居，一向很少给我讲娘家的情况。那边的亲戚今天从邻村驱车前来。大伯作为长子，带着我们披麻戴孝的一大家人，手持贴满白纸的哀杖前去迎接。在村中央，我看到了昨天晚上我下车的地方。那里曾经是孩子们游泳打闹的池塘，后来一度和无数个富营养化的农村坑塘一样浮满绿藻，如今则被填平做了中心广场。娘家人一下车，大伯就带头哭着在他们面前跪了下来，后面的人群跟着跪下，号啕声一片。娘家人赶忙上前把我们搀扶起来，并随着我们来到家中。

这是我记忆中小院里第一次聚集了这么多的亲戚。我们家族在村子里算得上是大族，再加上奶奶生前人缘颇好，各路远亲近邻都前来吊唁上祭。整个上午，亲朋好友们一茬一茬地涌来，院子变得拥挤异常。人们鞠躬、哭丧、献花圈、上礼金、记账。两个姑姑作为接待来客的主力，哭了一轮又一轮，以至泪水哭干，只能干嚎。

院子里挤满了人。不少老人搬来凳子坐在门口拉着家常。她们聊着谁家的孩子又去哪里打工了，谁家的媳妇不回来了。聊到谁家的孩子去了俄罗斯，娶了个洋媳妇；聊到外国一些城市还有人搞代孕，十万块钱一次。当得知我在北京工作时，她们便问我是不是在北京都能年入百万。一位老人说："我也八十五了，也没几年了。"另一位说："说啥哩，你这得活一百多岁。""你别花椒 [1] 我了，我又不是老鳖，活恁大年纪弄啥嘞。"又有人说："都是命，你看那谁，一直多铁 [2]，年根儿干 [3] 说没就没了。"我在一旁默默地听着，试图将她们的音容笑貌和脑中残存的记忆联系起来，但纯属徒劳。

---

[1] 方言词，忽悠的意思。

[2] 念 tiè，身体好的意思。

[3] 年底的意思。

另一方面，我对于各种亲戚的称呼一直都搞不明白，感觉大脑在这方面的认知能力缺失，总是不知道该如何称呼对方，于是我只好对每个人都点头示意。

一个是我发小的邻居来到我身边坐下。他告诉我他现在有两个孩子，大的已经读初中了。我说，城里很多和你年纪差不多的人还是单身，他觉得不可思议。得知我从事城乡规划的工作后，他就说："你也回来给咱村做做规划呗，给规划好一点儿。"我知道他的期许，但却不敢给他承诺。他们置身事外，看到的是平地起楼房、征地、拆迁、大搞基建。而我身在其中，看到的是机制、财政、市场、劳动力和产业的转移，以及最重要的——多方力量的博弈。这些年我经手的规划文本得有数百万字，如果都摞起来，估计有一人多高。但是面对他的呼声，我不禁疑惑：他是我的童年伙伴吗？还是城镇化的数字？我一开始默不作声，后来禁不住他催问，只好尽我所能给他解释各种复杂的现实。

我其实想和他讲一讲《中县干部》[1]，但话到嘴边又咽了下去。其实，我曾在老家附近的县做过一些乡村规划。当时我们基于村民的诉求，考虑乡土文脉的传承，提出应尽可能地保留自然村落的建议。而甲方则要求在规划中严格迁村并点，把村庄都集中到少

---

[1] 此为北大社会学系博士生冯军旗的博士论文。他在河南某县挂职两年，针对县级政府的人员组成、晋升方式等各种关系进行了学术研究。

数几个新建的新农村社区去。争论了很长一段时间，最终经济上的乙方姿态，让我们的理想在图纸上低了头。记得在一次研讨会上，当讨论到大拆大建的迁村并点时，面对说操本地方言的某专家的傲慢，我情绪激动，忍不住用河南话和他进行争论。坐在旁边的领导赶忙提醒我："少争论。另外，快换成普通话说，不管怎么说，外来的和尚好念经。""你还是给我们好好规划规划呗"，发小的话又把我的思绪拉回现实。无论我给他讲什么，他都用同样的一句话回应我。

中午的饭菜和早上一样，是猪肉炖豆腐、馒头配稀饭。也许是这两天太过忙碌，也许是很久没吃这样的农家风味，我感觉这饭菜还挺有味道。我老家在豫南，是地理学意义上北方的南部边缘，往南一百里便是淮河。这边在饮食上坚守着华北平原吃馍喝汤的传统，很少吃米。记得小时候和我妈去豫北部队探望我爸，在火车上我哭闹着要买餐车供应的盒饭，是因为平日里很少吃米饭而觉得好奇。

因为这次葬礼，院子里尘封已久的灶房再次得以启用。这间灶房一开始是土坯房，在我十岁左右重新用砖瓦翻建。小时候我每次回老家，都要和奶奶一起去灶房做饭。她烧锅做饭，我负责往土灶里扔柴烧火。麦秸秆、玉米芯、木柴，以及各种晒干的杂草，都是很好的燃料。灶房也承担着餐厅的功能。出于对孙子的偏爱，奶奶总是让我在堂屋吃饭，而让姑姑家的表弟和其他的"外姓人"在灶房吃饭。我还记得我小时候基于公平的理念，为此事和奶奶争执过。这些年奶奶越来越多地待在城里，灶房常年不用，积满了灰。而今天，也许是灶台最后一次生火了。

下午是葬礼最重要内容：在灵堂前祭拜。各种烦琐的仪式，按照紧凑的流程在临时搭建的灵堂前面一一展开。灵堂设在老家院子的门口，村里最重要的东西大道的中央。乡村没有使用广场的传统，重要的集体活动大都在街道上展开。我小时候就坐在这条路上看过戏还有露天电影。灵堂由竹帘和白布搭成，最里面摆着一个大大的"奠"字和奶奶的遗像，其上是"懿德流芳"四个字的横幅。灵堂最外面用纸搭起拱门，下面是纸糊的灵台——一座庑殿式建筑。两侧写着"一生简朴，半世勤劳"的挽联，门楣上是"天堂仙苑"四个字。灵堂的纸壁上画有绿水青山、苍松翠柏、亭台楼阁，还有各路菩萨和神仙。可以看出，这些图画和文字把佛教元素和民间文化融为一体。白色挽联和写着哀字的花圈布满其中，陈展体系繁复。几个女性亲属一直待在灵堂后不露面，但哭泣声一直没有休止。

大家族所有的男性，在距离灵棚约二十米外，集体跪向灵棚。然后按照长幼尊卑的顺序，两两一起依次走近灵棚行叩拜大礼。主理人又给我讲了一遍流程。但轮到我行礼的时候我依然有些紧张。和我一起的恰好是那个发小。他熟练地做着每一个动作，显得非常自然。我尽量和他保持一致，先跟着节奏，按照规定的步数慢慢走到灵棚前。然后挺直身体，伸出双手，右手在内，左手在外，半握拳，深深地鞠躬作揖。接着慢慢下身，左右腿依次跪下，双手伏地，慢慢地以头触地。然后缓缓站起，再作揖，完成叩头礼。接着回到路两侧继续跪下，等其他人完成动作。

天气很热，跪地久了，浑身感觉不自在。我看了看膝盖下垫的垫子，是装猪饲料的袋子，上面的广告写着吃了这种饲料能让猪三个月出栏。几个小时冗长、繁复的礼仪流程，像是一个大型的人类学、民俗学和社会学的田野现场。农业社会的伦理、互助的文化符号在此刻得以具象化地呈现，仪式感显然比内容更为重要。维系乡村社会关系的，是家族的血脉关系和邻里熟人的人情。人的社会行为与组织关系，在此以独特的方式持续运作，亲情和人情也显现出微妙之处。葬礼，像是祭祀，或是集体舞蹈。千百年来，这片黄土地上的人们，以集体活动的形式组织起来，去对抗大自然面前个体命运的无常。这些年来，村庄在表面上发生了翻天覆地的变化，但文化基因依旧在富有生命力地涌动。一些传统的文化习俗在岁月的洗礼下愈发变得坚不可摧。一个远房表姑父在行礼之前，表情凝重，若有所思。行礼的时候，他动作到位，该哭起来的时候，一秒入戏，直接号啕大哭，泪如雨下。礼毕他转瞬间表情变换，笑着对旁边的人说："咋样，俺这外姓也没丢恁的人吧？"

鼓乐队一直在路侧敲锣打鼓，一刻不停。对于村民来说，无论红事还是白事，都是整个村庄的大事，或者说是公共议题。大家纷纷前来，围坐在路边的阴凉地观看。我瞥了一眼人群，大部分都是老人和儿童。一个头缠白色头巾的人看上去像是葬礼主理人的助手，一直在忙前忙后。村里以前有一个合作社的代销点，如今已变为小超市。助手进去买了点东西，发给围观的老幼。他给女人和孩子每人发了一根冰棍，又从手提篮子中拿出一支支散烟递给男人。

仪式持续了整个下午。我趁着去上厕所的工夫，到二奶奶家院子看了看。她家和我们家只有一路之隔。两家人一直亲近，把各自的院子称为"北院"和"南院"——意思是这两个院子不过是一家人的院子的两个部分。然而，眼前的景象让人惆怅。二爷爷已经去世几年，二奶奶如今也长期在城里居住。仅仅一两年没人打理，院子已然破落不堪，尽是残垣断瓦。野草在房顶上肆意生长，青藤爬满了院落的各个角落。不由得让人感慨斯人已逝，故园芜已平。

甘地说过，"就物质生活而言，我的村庄就是世界；就精神生活而言，世界就是我的村庄"。每个人心里都有一个作为故土的村庄，那是我们内心世界的原点。我们从那里走出，不断拓展自己人生的版图。而此刻，我心里原点的方位清晰地浮现于脑海之中。从二奶奶家出来后，我还想继续前行。我清楚地记得，沿着门前这条小路，再往南便是三奶奶家，再往南是贸叔也就是村长家。他家路对面是养猪的富叔，他家的狗每次听到有人在附近经过，就会狂吠不止，让人心惊肉跳。沿着他家的院墙根儿，爬上陡峭的土坡，便是洪河北岸高耸的防洪堤。防洪堤一带是我幼年每次回老家时最先跑过去玩耍的地方。防洪堤和河道之间，一片宽阔的草地缓缓地从堤岸上延展到河边。这是村里为数不多的美景，承载着我对于乡村牧歌的向往。尽管自从我记事起，这条河的河水就被上游的小造纸厂污染。深黄色的河水泛着泡沫，像啤酒一样，散发出刺鼻的气味。

我想，要不要再去看一眼洪河？不知为何，我终究是驻足不前。我不记得在哪儿看到过一句话："你不断去想象一块土地应有的样子，久了，那应有的样子就加入了这块土地。"我不知道幻想与真实之间牵扯出的自我与故土的关联是怎么样的。我自幼一直努力地在脑海中构建一个天堂。可是，哪里还有乌托邦呢？无论是在记忆中还是在现实中。

仪式结束后，便是送葬的环节。我随亲戚们一起回到家中帮着入殓，也最后瞻仰一次奶奶的遗容。直到这时，我才仔细端详起躺在水晶棺里的她的样子。她的脸比我记忆中的瘦一些，脸色泛白，肤色略显不自然。她闭着眼，表情安详又平和。我想起 20 世纪 90 年代赵丽蓉参演的一部电影。影片中她扮演一位不肯放弃土葬习俗的农村老妇，假装躺在棺材里，观察儿女们对安葬仪式的看法。而现在，躺在我眼前的，是没有预演的真实生活。所有的情感，顿时全部涌上心头。我有些哽咽，不知道该说什么才好。大伯几人把奶奶从水晶棺里抱出来，放到深红色的实木棺材里，又挑了一些她平日里穿的衣服放进去。这时候五叔说，入棺材时要带一个她喜欢的东西。众人找了半天，最终把一枚荣誉奖章放到奶奶身边。这是她"根正苗红"脉络的延续啊。这个曾经参加过抗日的老党员、三八红旗手、能干的铁姑娘、把五个孩子抚养大的女人、北方大地的传统农妇、一个自我有记忆起就孤身一人的奶奶，就这样与眼前的世界永远作别了。

几位女性亲属哭天抢地，悲痛欲绝。其中既有真情实感，也有表演的成分，刻意去区分两者其实并无太大意义。最后她们声嘶力竭，嗓子哭哑，被别人搀扶到门外。在嘈杂的声音和悲痛的氛围中，众人看了棺材中的奶奶最后一眼。几个男人把棺材盖合上，钉上粗大的钉子。这个世界最后的一丝光与奶奶作别，从此活人与逝者，生死两边，再不相见。我们一起把棺材抬到架子车上。实木棺材再加上人的重量，着实很沉，让我想起脚下黄土地的厚重。

抬棺出门的时候，我瞥见了挂在门外墙上的"广播喇叭"。一个被绿色圆形塑料套罩着的收音机挂在墙上，下面耷拉着一个老式拉绳开关——像以前开灯的灯绳一样的。它曾经是村子里接收信息的唯一工具。我们村里第一个能收听广播的收音机，还是我大伯搞出来的。他是村里第一个大学生，"文革"前考入北京矿大。高中时他就自学无线电，捣鼓出了村子里第一台收音机。他给简陋的收音机装上大喇叭挂在村头的大树上，引得乡亲们都来围观。后来，村集体给每家每户安装了收音机，如今只剩我们家还留有这老物件。20世纪80年代时我就是通过这个广播喇叭收听了《小螺号》等广播节目，开始了解外面的世界。除了这个广播喇叭，家门口的墙上还挂着"军属光荣"和"十星文明户"等牌子。"十星文明户"的牌子上面有十颗星星，在村子里是稀罕物，象征着特别的荣誉。我小时候还问过奶奶十个星星都代表什么，她告诉我是爱党爱国、邻里团结、勤俭持家之类。如今，几个牌子已经全然模糊，星星和字迹难以辨识。不知道未来的后人，会把它们当作怎样的文物。

在出殡的路上，走在前面的人举着引魂幡，边走边向道路上撒纸钱。抬棺送灵者紧随其后。鼓乐队跟在最后面吹奏敲打，进行"串灵"。唢呐高亢，笙音透亮，锣鼓洪亮清脆。我们拿着哀杖，边走边哭泣，一直走到村西头。一路上的村容村貌对我来说既熟悉又陌生。村庄的路网骨架没有改变，但路两侧多为崭新的小院，也不乏人去院空的场景。人口的流动和城乡的变迁就这样呈现在眼前。到了村口，要换拖拉机将棺材拉去坟地。在等拖拉机时，主理人要求乐队唱几段戏，好说歹劝，又拿出十块钱放到一个乐手的口袋里。于是一个女乐手拿起麦克风，唱起了豫剧《三哭殿》选段：

李世民登龙位万民称颂

勤朝政安天下五谷丰登

实可恨摩利萨犯我边境

秦驸马守边关卫国干城

将士们御敌寇疆场效命

但愿得靖边患狼烟扫平

金钟响打坐在龙位以内

是何人殿角下大放悲声

……

　　她的声音洪亮，气息浑厚，像是可以去《梨园春》登台演唱的半专业选手。一曲唱毕，一个男乐手又唱了一段，好像是接着女的唱的《三哭殿》的下一段《下位去劝一劝贵妃娘娘》。但随后又不知道转到了什么剧目上。奶奶是个老戏迷，如果她能在另一个世界听到，应该能辨识出来。我突然觉得，送她去那个世界时应该给她带一个收音机。用收音机听豫剧，是她为数不多的爱好，是平淡无味生活中唯一的乐趣。小时候我经常问她听的是什么唱词和剧情，她也说不出一二，只是说听戏就是听个热闹。后来二叔送她一个老人听戏机，里面存有几千个戏曲选段。但她却听得不多，因为那时她的听力已经越来越差了。在她生命中最后几年，她的所听、所想，我们不得而知，也是莫大遗憾。

拖拉机来了，拉上棺材和下葬用的一些器具，我们跟着一起前往墓地。墓地在农田深处。我对农田最深的印象，是小时候每年春节和爸妈一起回老家时道路两侧的麦田。那时候的冬天经常大雪封路，我爸只好推着自行车，带着我们从麦地里走。我问他会不会踩坏麦子，他说不会，冬季小麦没有起身拔节以前，农民还用自家的车来碾压助长。然后从初一到十五，我们会走上半个月的亲戚。那因雪水融化而变得泥泞不堪的道路，也给我留下很深的印象。而如今的村里，即便是羊肠小道，路面都已硬化。

长期以来，在农村仅靠种地很难谋生。除了外出打工，村子里一度流行养猪，猪场蔓延，整个村子的气味一度改变。不过这些年来，耕地政策让这城郊村的耕地大体上得以保全。我们来到耕地里边，6 月的庄稼地里长满一人高的玉米，孤坟都隐匿在深处。几年前，我们省的某市曾因集中平坟而引发争议，后来关于土葬的政策也稍微放宽。大多数农村人还是觉得入土为安。耕地，包括穿插其间的墓地，是庄稼人祖祖辈辈的信仰所在。

我问二叔奶奶的墓地在哪里，他说在我爷爷的墓地旁边。印象里我也去过爷爷的墓地，尽管方位我已经完全记不得了，不知道是不是在我家当年分得的一小片耕地旁。20 世纪 90 年代初，村里按照每户的人头分地，我们家当时只有奶奶是农业户口，分得了八分地。我记得我很小的时候，奶奶还会去种地，主要是种各种蔬菜。

每次我回老家过年，除夕那天傍晚，我们会一起去爷爷墓地烧纸。那时候我还小，把这些仪式看作是一种游戏，而奶奶则在墓地前和爷爷进行片刻的精神沟通。等到烧完纸回来，家里的饺子也包好了，准备下锅，我就赶紧去灶房帮忙。天色渐晚，家家户户生火做饭，村子上空升起袅袅炊烟。吃完饺子后，我们会去二奶奶家看春晚，她们家拥有当时村里少见的彩色电视机，乡亲邻里都围坐在一起看节目。深夜时分，大家各自散去，回到各家院子里点燃一挂鞭，庆祝新年的来临。奶奶从不和我们一起看春节联欢晚会，她只会听广播。到了城市居住后，没有邻居说话，她才开始看电视解闷。我记得她比较喜欢看《铁齿铜牙纪晓岚》和《亮剑》，特别喜欢看《亮剑》里的李云龙，不是因为剧情，就是喜欢看他哈哈大笑的样子。有时候我也和她一起看电视。大概是读大二的时候，我在电视上看世界小姐比赛的泳装展示，她看了一眼，就直接训斥那些穿泳装的女人"不害赖（不害羞）"。一种人际的距离感第一次在我内心产生。

嘹亮的唢呐声又把我的思绪拉回现实。酷热的阳光下，挺拔的玉米秆翠绿饱满，组成无边的绿色海洋。宽大的叶片，在烈日下蒸腾散发出迷离的水汽。唢呐声像是冲锋的号角，拖拉机应声冲进绿油油的田地。在发动机的阵阵轰鸣声中，玉米秆发出"咔咔"的清脆声响，应声倒下。密集的玉米丛林被开辟出一条路。拖拉机开到田地深处，停在一个长方形的土坑旁，一个人跳下齐胸深的坑里整理土方。人们七手八脚地把棺材卸到一个轨道样的工具上，将其送到土坑底部。在调整好方位后，覆土，封坟。最后在新起的土堆上点燃了一个花圈，众人进行最后的哭拜。我从土堆上抓了一把土，紧紧地攥在手心。

就在此刻，奶奶正式与这片土地融为一体。土地是世世代代庄稼人的根，也是生命最终的归宿。在这片大地上，岁月流转，四季变换，麦子熟了一茬又一茬。春天到了就去播种，秋天到了就去收割，土地与农人都恪守着千百年不变的规律。许多年前，我曾读过赛珍珠的小说《大地》，里面的女主人公就让我联想到奶奶那种传统农妇的朴实、保守、沉默寡言和吃苦耐劳。她们把大地背在身上，在苦难面前永远保持着坚韧与顽强。在一望无际的华北大平原上，黄土地有着千年的厚重，像是奶奶那深深的皱纹。这种人地的关系是如此紧密，紧密到一代代人都终将与土地融为一体，而奶奶则是最后一代大地的女儿。她在城市与乡村之间辗转之后，最终还是回归了这片她出生的土地。

奶奶不识字，只会写两个词。一个是毛泽东，她最崇敬的伟人，家里堂屋中最显眼的地方也一直挂着毛主席像。另一个词则是我的名字。印象里她像是清教徒一般，勤俭节约，辛勤工作，拒绝任何消费与享乐。她与我后来在城市里看到的当代女性完全不同。她的内心深处的人生理想究竟是什么？我曾经和她争辩过男女平等，她

在庄稼地里送葬的队伍，人最终回归土地

坚持认为男孩就是好的。现在看来，我们当然不能从如今的女权主义视角去审视成长于乡土的那一代人。中原大地的农村有着最具代表性的农业社会。在乡土社会父权的结构中，在自然灾害和战乱的命运潮汐中，在烦琐、枯燥的世俗生活的羁縻中，她将一切苦难化为隐忍和沉默。无论是在老家，还是在城里，她总是一个人孤零零地坐着。我问她，你在想什么？她说，在想你啊，我的大孙子。传统的农妇，为家庭、为子女、为孙辈付出一切，用生命在大地上编织家族的故事。这种叙事将人生填得满满当当，没有一丝一毫留给个人的精神空间。她的故事就像这片土地：贫瘠和苍凉的地表下，是生生不息的母质、浑厚积淀的岩层，风化沉积力量，深沉蕴藉希望。年幼的我曾经试图用各种方式去捕捉她的精神内核，只是在平凡生活中闪现的片羽吉光，未必能被我所解读。这就像是城市学者对农村不乏研究的热情，但未必能进行穿越代际的故土回溯。如果长于理性的分析，缺少体验与共情，那么生活背后的真相终将无法被探究。

我站在新坟旁遥望县城的方向，由高层住宅撑起的城市天际线，正要张牙舞爪地冲过来。表弟曾经不止一次对我说，他盼望村子会随着县城的扩张而被拆迁。但是，那是基于以往历史的线性推演所生出的期待，很可能最终只是幻想。尽管村子在行政上也被纳入了县城的街道管辖，但城镇化已然接近尾声。城与乡互相遥望，最终静止在这最后的距离上。

　　置身田野之中，我不禁思考：这里是我的身份的起源地吗？有一次我在葡萄牙旅行时，借宿在一位老人家里。他要我写下家乡的名字，一定要具体到村子。我对他的认真有些诧异，因为我一般回答不出来家乡在哪里这样的问题。我唯一能确定的是我是河南人，但具体到哪个地方却不好说。四岁前我辗转于奶奶的村子和镇上，随后的童年的记忆则留给了豫北的部队大院，青少年时期安家在缺乏归属感的郑州，再往后的日子里便是四处漂泊。上大学后，我隐约地觉察到，宏大又深刻的城乡变迁，对于一个人的个性和心理有着长久的影响。奶奶和这片土地浑然一体，而她的儿女们，出于渴望或野心，选择脱离这片土地。他们通过考学、参军和打工，陆陆续续离开农村。但很多年后我发现，父亲那一辈人虽然走出了乡村，在城市里安家，甚至成为体制内的专业人士，但他们的精神世界却永远留在了自己成长的村庄里。城乡阶级壁垒之外，思想文化的壁垒对人有着更加深远的影响。这种精神内核甚至也遗传给了我的表哥表弟。他们虽从小浸泡在城市的物质世界中，思想却呈现出乡土文明的一种变异。作为大家族的宠儿，我则长期处于温暖的阴影中，作为一个异类，内心深处总有丝丝的焦灼与不安。我终究是文化上的漂泊者。一方面，在追寻自身主体性的过程中，我曾经向往淳朴的田园故乡，用皇天后土来构建自我认同；另一方面，我又极度渴望逃离那种保守、沉重、压抑、苦大仇深的精神内核——那是生命的干涸、现实的沉重与饥饿的记忆在基因中代际传播的结果。法国社会学家迪迪埃·埃里蓬在回忆录《回归故里》中把家乡称为是自己曾刻意疏离、在成长过程中充当反面教材，但无论如何反抗依然构成自己精神内核的地方。他写道："那些我曾经试图逃离的东西，仍然作为我不可分割的一部分延续着。"而在我面前的黄土地是如此浩大、厚重、坚不可摧，我觉得自己就像是轻飘飘的风筝，看似恣意起舞，随心所欲，但实际上只能身不由己地随风摆动，更挣脱不了被系在大地上的线所拉扯的命运。

葬礼后，我再一次回到了老宅屋，看着剩下的陈设，恍若隔世。屋里随便一处角落，都有着满满的回忆。东厢房里放着破旧的组合柜，那是我爸妈结婚时买的家具。上面贴着典型的20世纪80年代风格的宣传画，画上一个男孩和一个女孩共同举着大花篮。家里人都说画上的男孩子特别像我，奶奶尤其这样认为。现在柜子破旧不堪，上面蛛网密布，画也残缺了大半，不知道亲戚们会如何处置它。老宅还有一个被用作粮仓的储物间，以前我每次进去，都会闻到陈年粮食的气味。当年我从储物间里翻出过"文革"时出版的《十万个为什么》，里面每一页上都提到毛主席语录，还用黑体字标注。我还从屋子的角落里掏出过泛黄的"工农兵数理化自学丛书"，可能是大伯或二叔当年用过的。这些书让我在高中的数学竞赛中拔得

老屋柜子上的装饰画，是典型的 20 世纪 80 年代风格

头筹。

我又来到院子里静静地站着。看着院子南边的花坛，我想起奶奶老了后就不再去种地，而是将院子的南侧改造为菜园，种上各种蔬菜，有时也会种花。院里还有香椿树、石榴树、杏树，还曾有一棵枝繁叶茂的洋槐树。它枝干高大，巨大的树冠覆盖半个院子，甚至伸到隔壁邻居家上空。前两年那棵树被大风吹歪倒地后，被村里一个叔叔给锯掉了。院子里曾经还有奶奶养过的猫和狗。那只白猫经常爬上墙头，隔三差五离家出走，又悄无声息地回来。而狗则每次在我们离开老家时会跟着自行车跑上几里路，一直到车水马龙的国道边才作罢。中学时，我曾在作文里写过夏夜睡在老家院子里的经历。但这些真的发生过吗？农村夏天的蚊子又多又毒，后半夜屋外又很阴凉，我真的能在外面睡觉？这个记忆或许只是一个真切的梦，是我内心的投影。有时候我也会想象出一个理想的故土家园，那是虚构出的庇护所，在它背后的是我对原生家庭和陌生城市的逃避，还是一种浪漫化的"诗和远方"？

我爸还要在老家待一周，等着头七的祭祀。家里的亲戚们有些要回县城，有些要回郑州，我搭他们的车去漯河坐火车。路上一个亲戚提出，难得回老家一趟，要去县城吃个家乡的特产热豆腐。于是他们开着车在县城里从柏城大道转到嫘祖大道——景观风貌庸常的县城，往往通过路名展示丰富的历史。最终，我们在之前的107

国道，如今的嫘祖大道旁，发现了一个热豆腐摊。摊主把车摆在路灯下，路灯杆上挂着本地商业银行的广告："与穷人一起致富，与富人一起发展，与大家一起改变生活"。不知道这个摊主是否有我们那个村子里做热豆腐老人的手艺。我小时候，每天下午四五点钟，一个老汉就会推着车从村西头走到村东头，售卖刚做好的热豆腐。奶奶常会买来一碗给我吃。对于家乡味道，我的味蕾已经生疏，已不能判断现在吃的热豆腐是否还是当年的味道。

几位回郑州的亲戚送我去坐高铁。想当年，从老家到我爸当兵的城市，坐火车需要从早到晚一整天的时间。每逢春节，即便托人也很难买到票，只能挤上火车再补票。每次爸妈都先把我从绿皮车厢的窗户塞进去，他们再和成年人一起肉搏上车。如今开车从老家到郑州只要两个小时，坐高铁只要半个小时。随着时空距离的压缩，故土情结也在淡化。

在路上，表叔说，奶奶九十高龄去世，其实算是喜丧了。他接着说，人生总有几个阶段，一是看着爷爷奶奶辈的离去，二是看着父母辈的离去，接下来就是自己这一辈了。他的话让我想起我和奶奶曾经的对话。小的时候，奶奶常在我面前唠叨，说自己是半截子入土的人了。我不喜欢她讲这个话，在我的反复要求下，她才答应不再说了。也许我们的文化基因里有太多的悲苦与沉重的要素，太沉重，也就太深情，对于未来也就无从想象，只能向死而生。另外几位亲戚则开始讨论奶奶离世后我们家宅基地未来的去向。家里亲戚都已经是城市户口，无法继承祖宅和宅基地，这也是故乡正在消亡的一种表征。乡村在城市面前总是表现出羸弱的状态，但它往往是人类自我叙事的起源。我们总是扬言要回归故土，但却像是无根的浮萍，在周而复始地飘零。

高铁车窗外，如红色圆盘一般的夕阳，沿着高压电线不断跃动，像是线谱上的音符。哲人说，西沉的永远是同一个太阳。当初离开这里和我妈一起随军进城的时候，寒暑假快结束时我从老家返回的时候，前两年我去邻县出差回京的时候，火车的窗外应该都是这样的落日吧。青纱帐铺满了夏日的大地。原始的生命力在勃发，一层薄雾从泥土中缓缓浮起，蒸腾上升。大地在悄无声息地下沉。视线的尽头是混沌、微醺的天。

无岸之舟

现代人花在交通上的时间越来越长。尽管人们普遍更重视出发与到达，但路途行程在某种意义上更为重要。起点和终点意味着确定性与安全感。而连接起点和终点的旅途则游离于确定性之外，也为逃离稳定又庸常的生活提供了可能。旅途是肉体在不同空间中的穿行，我们亦借此触摸大地的纹理。通过对遇到的景观和事件的观察记录，在记忆中创造一个又一个故乡。卡瓦菲斯在《伊萨卡岛》中写道："当你启程前往伊萨卡，愿你的道路漫长，充满奇迹，充满发现。"独眼巨人、波塞冬海神、腓尼基人的贸易市场，珍珠和珊瑚、琥珀和黑檀，都是去往伊萨卡途中的意外发现。每一次在路上的经历都是一次漫游。我们搭乘各色舟楫浸入生活之海，拥抱诗意的大地。

国际现代建筑协会在《雅典宪章》中曾明确提出城市的四大基本功能：工作、居住、游憩和交通。与之相对应，每一种功能都占据了特定的城市空间。而交通工具本身也可以被看作是一种人造空间，人类通过这种空间与外在环境进行了微妙的互动。交通工具给了人自我沉溺的理由，有一阵子工作繁忙，无论身处什么地方我都会感到焦躁不安，只有在飞机、火车等移动空间里才能获得片刻安宁。在各地出差时，我常沉湎于乏味和鲜活并存的旅途之中，这是最没有功利性的一段时间。同样是在路上，搭车和自驾的感觉也不一样。搭车人不会像司机那样参与驾驶，而是在一定程度上抽离于交通工具。这样便可以自由地神游于车内车外，像是无根之萍般漂浮于天地中，进而能够敏感地捕捉到空间与地方的幻化，并在其中寻找自我的意义——"夫大块载我以形"。

　　有一段时间因某环京产业园的项目，我频繁往返于北京和河北两地。那两年在"承接首都功能疏解、产业转移"的背景下，河北遍地兴建产业园区。北京附近，几乎每个乡镇都规划有一两个产业园用以承接首都转移的产业。昔日的"环京贫困带"大有升级为"环京产业带"的豪情。当时是秋冬时节，在前往这些园区的路上，车窗外永远是灰蒙蒙的，暮气深沉，万物皆笼罩着一层莫兰迪色。这景观并不精致，而是显得模糊而沉郁。公路上不断有大卡车呼啸而过，扬起久久无法散去的尘土。藤本植物缠绕在路侧的栏杆上，茎叶都已干枯，上面堆着厚厚的一层灰，远看像是一具具从沙漠中挖出的木乃伊。

高大的乔木、路标和广告牌交替出现在道路两旁。在它们的空隙间，华北平原漫无边际地展开。时不时冒出的小树丛，也让原野有些像稀树高草的"萨瓦那"。远处的烟囱不紧不慢地吐着烟。有时能在路边看到羊群，它们身上披着深浅不一的灰色，很难分辨其原本的样貌。密集出现在无边的原野上的，是村庄、集镇、饲养场和各种各样的园区——工业园、产业园、开发区、高新区、物流园、科技城、创新谷……有没有创新技术不清楚，反正名字是一个比一个创新。一些正在进行生产的园区里，烟囱浓烟滚滚。另一些则跑马圈地，只有围墙，并无企业入驻。一些园区明显空置很久，一片荒芜，茂盛的野草几乎与墙头齐平。往昔的富饶粮仓为工业生产腾挪出空间后，并没有生产出真实的产品，只是在财务报表上玩了一把数字游戏。想到其中的某些开发区可能也是我们加班工作的成果，或者说我们日夜奔波只是在持续推动这样的进程，我便心生凄凉，感到阵阵虚无。

在靠近城市的地方，地产项目如雨后春笋般冒出来。名字叫"普罗旺斯"和"托斯卡纳"的往往是原样复制的欧式别墅区。低密度别墅外，更常见的是高密度的板楼。许多百米高楼整齐划一地撑起一片高原，欲与苍天试比高。这些楼盘名字里则不乏"庄园""豪苑""至尊""府邸"等字眼，尊贵尽显。不过它们的广告语倒也亲民："北京居民的第二家园""圆普通人一个别墅的梦想""距离天安门仅有××千米"。

我们乘坐的依维柯里，车载 DVD 总在循环播放一张流行歌拼盘的光碟。坐这辆车的次数多了，我都能背出光碟播放歌曲的顺序：陈百强的《一生何求》后面是迪克牛仔的《有多少爱可以重来》，然后是张惠妹的《我可以抱你吗》。车载显示器里，这些歌曲的 MV 片头都用繁体字标着"仅限台澎金马播放"的字样，诉说着它们的来历。这几首歌播放完后是更早的歌曲串烧，如《青青河边草》和《掌声响起来》。光碟播放的画面一下子又变成 20 世纪卡拉 OK 的 MV：蓝天白云、椰树沙滩，面无表情的泳装美女僵硬地走来走去。

听着老歌，看着毫无剧情、廉价挂历般的画面，人慢慢地昏昏欲睡，感觉车子在回旋，自己也在回旋。每当这个时候，就会听到来自河北的司机老傅的唠叨。他总是絮絮叨叨地感叹自己的心酸往事，调侃北京孩子们在他眼里"过于幸福"的生活。有一次路过某环京地区的别墅区，他说要带我们去看看。他戴上墨镜，一脚油门踩到小区门口。面对保安的质疑，他一口京腔，带着社会大哥的口气："临时从北京回来办点事，开门，赶紧的。"保安看了看一头板寸、满脸皱纹的老傅，再看看坐在副驾位置的年轻女同事，满腹狐疑地按下栏杆开关。"你看，我也挺像北京人吧？"他得意地对我们说。类似的情节不止一次发生在我们穿梭于京冀的旅途中。我常会想到何伟的《寻路中国》，觉得何伟真的很会选取观察这个国度的地点：汽车从北京开出，两个小时后，就会看到不一样的中国故事。

一般我们都是下午返京，车从西五环进入市区，依次看到首钢的大烟囱、冬奥会的滑雪赛道、香山和琉璃塔。在傍晚时分，天上挂起一钩冷冷的月亮。等快到北五环的时候，路上总是堵得水泄不通，前面红色的车尾灯排成一条望不到头的队伍。北方的夜晚来得早，天与地暗淡下来，周遭悄无声息，黑郁如铁。黑夜像洪水一样从四面八方漫灌进车厢，让人感到窒息，却又动弹不得，只能默默忍耐。

新疆是最能让人产生"在路上"感觉的地方。第一次去那里，印象最深的便是无边无际的空旷，人仿佛沉浸于巨大的容器中，不由自主地感受到自我的渺小。当时我想起一位德军将领撰写的二战回忆录里，讲述德国部队进入苏联境内后没有被战场的炮火吓倒，却被一望无垠的田野震撼得不轻。在新疆的时候，我开始理解那种感受。我曾经在新疆参加了一个一日游旅行团，早上六点出发，接近半夜返回。去景区开车单程就要八个小时，但依然还在当地城市的行政管辖范围内。在高铁、高速和廉价航空的冲击下，这里的土地依然在用巨大的尺度对抗着交通技术的进步。漫长的旅途却并不让人觉得乏味。在车上的时候，我的眼睛全部留给窗外。这里的大山大河、冰川原野的大气磅礴，总让人惊艳不已。甚至荒野上的车辙，都散发着野性的魅力。

我对于新疆印象最深的一幕，留在南疆小城阿克苏。出了机场，我们坐的车开上迎宾路。北京时间已是晚上十一点，这里才夕阳西下，城市开始慢慢地融化在夜幕之中。此时向窗外望去，乌云、夕阳和大地各占视野的三分之一。眼前呈现出的仿佛是艺术电影中的画面：画面底部是城市的黑色剪影。平房被淹没在黑幕之中，高耸的水塔和胡杨挺拔向上，勾勒出天与地的边界。画面中部是夕阳和云朵，呈现出柔和温暖的橘黄色。面面上部笼罩着厚重的乌云，有些许淡紫的色调。景象如画，大地苍凉、浑厚，又充满柔美的诗意，让我深切地感受到城市与自然无法分割。

我从成都去川西，看到窗外交替出现的油菜花田、林盘，以及远处连绵的川西群山。农田中穿插着大量柑橘果园，柑橘都被包上白色的袋子，远看如同棉桃。柑橘园便好似新疆和中亚的连绵棉田。眼前的山水林田构成和谐统一的画卷，渐次铺开，与偶尔出现的粗陋的人造建筑形成强烈对比，惊魂动魄、触目惊心。当时我在车上翻看段义孚的《恋地情结》，在脑中云游四方。书中提到的蓬莱和瀛洲仙境、阿巴拉契亚的山谷和河流、尤洛克印第安人的宇宙结构、美索不达米亚的通灵塔等诸多元素，在我脑海中一一闪现，和眼前的景色叠合，缓缓融化于大地之上。前方的路上，层层叠叠的车辙就像笔迹，是人类写给大地的情书。人类的旅行和对空间的想象，都蕴含着对大地的眷恋之情。这种情感与婴儿对母亲的依恋无异。古希腊因此有"地生人"（Autochthony）的概念，认为人类是由大地而非人所生，这个自然过程与土地繁育植物一样。

庸常的生活像是一座监狱，在路上的人则像是越狱的匪徒，为追寻自由而亡命天涯。一次次的出行是对令人疲惫的现实生活的抽离。然而，人们无数次地出发，即便能够踏遍世界，但最终依然被自己内心的边界所束缚。正如搭乘火车穿过隧道时，车窗外的景象忽明忽暗，当周遭景色消融于黑暗中时，你从窗中看到的却是自己的脸。

一位每周都要往返京沪的"空中飞人"告诉我，每天最早一班从北京飞往上海的航班，因为不会晚点，所以成为企业高管的首选。只有在那个航班的登机口，你才能看到金卡乘客排的队比普通乘客的更长。在他的讲述中，搭乘这架航班的白领女精英们，会在凌晨4点钟起床，在前往机场的出租车上抓紧时间补妆，再打开笔记本电脑，争分夺秒地修改双语PPT。我忽然想象出这样的场景：拂晓时分，载着女白领的车在机场高速上飞驰。高速路的桥下，则是打工者们聚集的皮村。打工者们同样早早起床准备工作，偶尔有人在繁忙的工作间隙从文学中寻找慰藉。桥上的车水马龙，或许有朝一日会被桥下的打工诗人写入诗歌。这样的画面，为大地漫游赋予了更为立体的意味：不同的人生路像是海洋的分层，风平浪静的海面之下深藏着汹涌波涛。

每个在路上的人，都像是驾驶着无岸之舟的奥德修斯，怀揣着回归家园的渴望，与魔幻莫测的海洋搏斗。在惊涛骇浪的拍打之下，人们随时可能坠入海洋深处。那里有漩涡、暗流、海沟与深渊，有无穷无尽的黑暗、幽闭的恐惧和偶尔的光亮。我们会在海洋中遇到平日里见不到的奇幻景致，会获得难以想象的喜悦和回报、痛苦和伤痕。每个人都在海上按照不同的方式漂荡，命运总会让一些人擦肩而过，又让一些人相互远离。

生活的琥珀

　　第一次去太原时，我特地去看了"时尚回响大型实物展"。对我而言，太原是个相对陌生的城市。这座屹立在三晋大地上的省会城市，曾有着流光溢彩的往昔，但如今仅从外表来看却和郑州、石家庄等"火车拉来的城市"并无二致。好在还有记忆。即便城市的砖瓦全都湮灭，只要有记忆在，城市的个性便不会被抹去。

　　展览在新城区的太原美术馆举办。穿过鳞次栉比的崭新建筑群进入美术馆后，人仿佛进入了一个时光隧道。2958件日常用品，339位太原市民，40年的生活记录，将人迅速拉回逝去的日子里。展厅门口有一张展品地图，在太原地图上标注了每一件展品的来源地。旧物承载城市的记忆，地图也因此拥有了时间的维度。入口还有个一人高的大型不倒翁娃娃，这是20世纪80年代最常见的儿童

"时尚回响"展览入口处的巨型娃娃

玩具，充满了怀旧感。展品的年代跨越 40 年，多数集中在 20 世纪 80 年代到 90 年代。那是改革开放后物质文明的滥觞期。计划经济逐步瓦解，市场经济初步兴起。物质虽不丰富但深刻地影响了人们的生活。的确良、蜂王浆、麦乳精……这样的名词，让许多"90 后""00 后"青年们摸不着头脑，甚至远比博物馆里的珐琅器、唐三彩等更让人感到陌生。但后者和我们相隔千年，前者和我们只有一代人的距离。这不禁让人唏嘘：时间的流动是非线性的。

很少见到如此大规模展示那个时代物品的展览，展品涉及衣食住行的方方面面：从蝙蝠衫、喇叭裤、健美裤等服饰，到通讯录、歌词本、收录机、录像带等信息载体，再到粮票、蛤蜊油等日用品，还有日本影视剧《排球女将》《血疑》的画报，曾经的时尚再次激荡出回响。与艺术展不同，这里更像是普罗大众的一次聚会。如果说艺术家通过创造出艺术品达到不朽，那么普通大众则通过日常用品在平凡生活中编制诗意。这与物质崇拜无关，而是一种质朴、生动、纯粹的生活美学。日常用品在经年累月中变成了厚重纯美的琥珀，凝结了平凡的瞬间。

对于往昔的记忆有时会影响人一生。鲁迅先生在《朝花夕拾》中写道："我有一时，曾经屡次忆起儿时在故乡所吃的蔬果：菱角、罗汉豆、茭白、香瓜。凡这些，都是极其鲜美可口的，都曾是使我思乡的蛊惑。后来，我在久别之后尝到了，也不过如此；惟独在记忆上，还有旧来的意味留存。他们也许要哄骗我一生，使我时时反顾。"人们徜徉在展厅之中，通过展品追忆往昔。怀旧意味着什么？斯维特兰娜·博伊姆在《怀旧的未来》中有这样的论述："怀旧不仅是审美的惯性和给予过去的滤镜，它更是一场共情的体验。"这句话或许可以作为这场展览的注脚。围绕着一段记忆，过去与现代可以对话，新与旧亦能共情。

我在一个还原 20 世纪 80 年代家庭客厅的展厅前驻足。对于我这样的"80 后"而言，儿时的生活画面再次浮现。客厅墙边立着淡绿色的冰箱，冰箱的顶部铺着盖布。当时居住面积有限，人们习惯在不算很高的冰箱上面摆一些家什，让它也起到部分柜子的作用。那个年代典型的装着家庭成员黑白和彩色照片的大相框就摆在上面。冰箱旁大立柜的架子上，依次摆放着陶瓷工艺品、太钢汽水、宝塔糖，以及要取出钱只能摔碎的陶瓷存钱罐。中间的架子上放着一台燕舞收录机。此时耳畔回响起那句"燕舞，燕舞，一曲歌来一片情"[1]。收录机里的磁带应该是毛阿敏、成方圆或苏小明的专辑。大立柜旁是矮一些的电视柜。电视机是家里最重要的电器，当时只能收看中央一套和省市电视台的节目。电视只有十几英寸大小，侧旁摆放着老式座钟。那时很多人家里的座钟上有"熊猫吃竹子"的

---

[1] 燕舞收录机的广告歌词。

图案，那是天津钟表厂的金鸡牌经典款。电视另一侧摆着塑料假花，花朵虽假，但情真意切。电视柜的搁板上放着《大众电影》杂志，里面或许有对电影《咱们的牛百岁》的报道。这里也可能还放着一本霹雳舞教程。在电影《霹雳舞》热映后，街头经常能看到扛着录音机跳霹雳舞的年轻人。电视柜旁是落地扇，扇叶上罩着白布套，上面绣着鸳鸯或是牡丹。风扇旁是一对披着白色靠背巾和扶手巾的单人沙发。沙发前面的茶几上，摆放着几个白色的搪瓷缸，还有盛满苹果、香蕉的果盘，好像准备招待客人。

此时的展厅四周鸦雀无声，一片寂静。眼前的房间好似一个宇宙，只有参观者在这个浩瀚无垠的宇宙中悄无声息地漫游。没有任何声响，偶尔感受到似有似无的嗡鸣，那或许是暗物质在宇宙深处发出的回声。眼前无数的老物件，都是散布在宇宙中的星辰与尘埃，漫天飘洒，漫无目的地游荡，构建出星系隐秘的秩序。光年之外的宇宙飞船，从黑暗深处发出断断续续的信号。我们在茫茫宇宙追捕这些信号，去寻找彼此的踪迹。

展览中的许多老物件旁都标注了与之相关的详细信息。个体的故事呈现出那个年代生活的浪漫，甚至比展品本身更为动人。人们通过和物的互动，赋予了物以意义。扩展想来，人和城市的关系也是如此。老城区之所以迷人，正是因为人与环境高频次的互动为其赋予了深厚的意义。哪怕是流水线生产的物品，经由个体故事的串

20 世纪 80 年代城市家庭的客厅场景

联，也为城市文化提供了丰富的养料。你能通过这些展品背后的故事，感受到太原这个大工业城市曾经的物质底蕴，也可以感受到"闹城"[1]的烟火气息。从这个角度讲，如今城市的"千城一面"，本质上是生活中的"千人一面"。现代化大生产造成了均质化和标准化的生活方式，也让人丧失了在平凡生活的细节中探寻美的能力。

在《军港之夜》唱片的下面，标注着一个发生在 1981 年的故事：一个注重艺术熏陶的家庭把半导体收音机升级为唱机，父母还请来木匠为唱机做了配套的音箱。在物质匮乏的年代，还是有人坚持精神上的追求和传承。一本李泽厚的《美的历程》下面，记录了当时抢购书的情形：购书者晚上在新华书店门口排起长队，等着第二天一早抢购新书。一套旧西装旁边的说明文字，讲述了西装捐赠者当年因公出国时购买西装的故事：为了节省外汇，一分钱掰成两瓣花，专挑最廉价的西装买，为出国考察学习省下了一大笔钱。一张 1993 年的出租车营业执照则记录了出租车行业的黄金时代。那时的出租车司机是绝对的高薪阶层，开出租车的门槛很高。当时办理一张出租车的营业执照就要花费七万块钱，而一辆苏联拉达轿车的价格也不过三万到十万。不过天不遂人愿，如捐赠者所言，他出租车上的"长安的发动机、昌河的底盘、红色夏利的外壳"无法磨

---

[1] 太原的别称。

合。仅仅两年，他的出租车司机生涯就草草结束了。

我印象最深的，还是一张车票所记录的 20 世纪 20 年代的爱情故事。这是一张从北京丽泽开往太原汽车站的车票。1997 年香港回归前夕，一位太原姑娘到北京出差，接待她的是一个东北小伙。姑娘出差结束后返回太原。这位东北小伙毅然买了一张大巴票，一路追了过来，两人在山西喜结良缘。在那个没有手机和互联网，没有微信、陌陌等社交软件的年代。千里姻缘被记录在这张车票上，其承载的信息量堪比海量的聊天记录。在展厅的一角，一台老式红白机与投影仪连接在一起，一对青年男女正坐在投影的幕布前，玩着曾经流行的魂斗罗游戏。在这个场景中，过去与现在相逢，旧日生活与互联网时代融合起来，连接过去与未来的新的故事正在被生活所创造。

在帕慕克的小说《纯真博物馆》中，男主角凯末尔收藏了和心上人芙颂相关的各种物件，构建了一座承载私人记忆和情感的博物馆，而它何尝不是收藏了伊斯坦布尔城市记忆的博物馆？在现实中，帕慕克在伊斯坦布尔的小巷子里建造了一座真实的博物馆，陈列着明信片、老照片、钥匙、酒瓶、海报、餐盘……记录的是伊斯坦布尔人的爱恋、悲伤、欢欣、忧郁、同情、背叛、赤诚……现实与小说虚实共生。在帕慕克的博物馆哲学中，博物馆具有将过去带到现在的力量，能够将时间转化为空间。

展厅一角的老钟表

城市是由土地开发、交通系统、基础设施、网络与数据等空间与设施层层叠加形成的复合体。在展览馆里，我则感受到城市重叠的图层之外，还有一个直抵人心的记忆的图层。这些老物件承载的是一代人对于城市的理解。日用品与人的关系，是生活与城市的关系的一种隐喻。生活物品可以说是最小尺度的城市物理环境，它们帮助我们敏锐地触碰城市，留下印记。在时间的长河中，一切终将烟消云散。对物的拥有无法长存，但物品所承载的公共记忆，则将成为城市文明而得以永恒。在展览馆一处墙上张贴着列斐伏尔的语录："单调、重复的日常生活隐含着深刻的内容，从一个女人购买半公斤砂糖这一简单的事实，通过逻辑的和历史的分析，最后就能抓住资本主义，抓住国家和历史。"这句话既温柔又充满力量。我经常把这句话放在我关于城市研究的PPT里。它时刻提醒我在宏大的时代叙事下个体的微观感知的重要性。

看完展览大概是下午四五点钟。坐在美术馆的大厅里，初秋的阳光斜射进来，洒下一层柔和的金光，温馨的氛围弥散开来。一个印有"上海时民制钟厂"字样的锈迹斑斑的钟表，安静地躺在展厅的角落。钟表的指针静止，停留在两点三刻的位置。时间似乎也永远停留在了这里。我不禁联想到电影《盗梦空间》片尾那个旋转的陀螺。这一切都真实发生过吗？也许只是午后一场慵懒的梦吧。

荒野之魅

　　"男儿可怜虫，出门怀死忧。尸丧狭谷中，白骨无人收。"当翻开《杀人石猜想》这本书时，我就被开篇的这首诗所震撼，那一刻我似乎回到千百年前，时间静止，血液凝固。历史学家罗新的这本田野考察散文集，引用的这首横吹曲《企喻歌》，是前秦苻坚的弟弟苻融所作。那个时代男子的一生，无不是"激扬于军阵之间，璀璨于马背之上"。这种慷慨悲壮的诗歌给我带来的冲击，与北国大地的荒野所带来的别无二致。

　　魏晋南北朝时期，汉乐府诗歌于南北两地逐渐分野。南朝民歌婉约娟秀，如《西洲曲》："低头弄莲子，莲子清如水。"而北地民歌如《梁鼓角横吹曲》则充分展现了胡马北风的大气与苍凉。这两种不同的风格，如人工建设的城市与未经人类改造的荒野般两极分化。

我居住在城市，工作也与城市建设相关，但我却无比热爱荒野。研究人工环境愈久，我愈能体会到人类的局限性，常常会产生一种冲动，想要关上电脑，跳出逼仄的格子间，回归荒野。就像是杰克·伦敦在《旷野的呼唤》中所说，被人工驯化的野性隐藏于本能的深处，总是会被远方的声音所召唤。

　　这些年，因工作和旅行的机会，我陆续前往一些远离都市之地：呼伦贝尔大草原、大兴安岭、塔克拉玛干沙漠、西伯利亚的林海与中亚的荒漠……行走在路上，我对于荒野的热爱愈发强烈。家里书柜中的几百本"闲书"中，最多的便是关于旅行的书，特别是人烟罕至之地的行记。

　　都市人对于荒野的向往，往往来自对城市生活的"逃离欲"。自然文学作品《荒野之境》的作者麦克法伦自称会"随身携带荒野上路"。而威尔·塞尔夫则这样称赞此书："一声柔美吟咏的野性呼唤，都市的囚徒都会受到蛊惑，想要逃离。"压力大、节奏快的都市生活让人们心生厌倦。内心深处对大自然的渴望，在钢筋丛林中不得释放，远方的荒野，便是最好的出口。那里没有现代文明的机械与烦琐，没有程式化的生活模式，没有办公室政治、娱乐八卦、阶层焦虑那些带给现代人少许快乐和更多烦恼的东西，只有世界原始的模样。麦克法伦这样写道："去到某个遥远的地方，那里人迹罕至，会有明亮清晰的星光，会有从四面八方吹拂而至的风。我会去往极北或极西之地，因为在我心中，那里会是最后的蛮荒乐土。"

荒野是对现代文明产生的压力的解药，杰克·伦敦在《旷野的呼唤》中说："文明程度越高，我们的恐惧就越深，担心我们在文明过程中抛弃了在蛮荒时代属于美、属于生活之乐的东西。"按照美国自然文学作家奥尔森的说法，每个人的心底都蕴藏着一种原始的气质，涌动着一种对荒野的激情。如果要问我这几年来印象最深的笑脸，想来想去，恐怕还是电影《荒野生存》结尾处主人公自拍的那张笑脸。那是一张真实的照片。刻意远离现代文明的主人公，一路逃离城镇，直到天边的阿拉斯加。在死去前的那一刻，他靠着一辆废弃的房车自拍了一张照片。那张笑脸一直在我脑海里，挥之不去，它展示的可能是最震撼人心、最纯粹的快乐。舍去一切，方得到一切，或许这就是逃离的意义。

城市化是过去一百多年间世界发展的主旋律。人口不断从农村迁徙到城市，大城市不断扩张，这种看上去永恒不变的规律，似乎是人类文明的一种"历史的终结"。在这样的背景下，到荒野去，仿佛有一种逆流而行的意味。浙江舟山几个被遗弃的海岛曾走红网络，因为长期无人居住，岛上的院落房屋被攀援植物全部覆盖，呈现出绿野仙踪般的幻景；内蒙古高原上的元上都古城，如今只留断瓦残垣，矮小的土墙在草场上伫立。曾经的世界中心，如今归于自然。人工环境的荒野化，带给人历史宿命般的震撼。荒野与文明，实为一枚硬币的两面。梭罗曾提出过，人类对环境乐观的态度是一种荒野与文明结合的结果。人工建成环境（built environment）与自然环境并非对立的关系，二者共同组成了丰富多样的地表形态。

作为可持续发展的典范城市，香港城市中心区建筑密度极高，但城市外围则保留了大面积的自然原野。港岛与九龙的灯红酒绿，与野生动物频繁现身的郊野公园相映成趣，共同为这个国际大都市增添魅力。建筑、街道、城市、都市圈……人类建造的一切居所与设施，都是为了让自己更好地在这颗星球上生存。人造环境是我们与自然相协调的一种媒介，它应该像护肤霜一样，让我们更好地与自然肌肤相亲，而不应像铠甲，隔离身体与外在环境。

最早进入现代城市文明的英国人，却以热爱自然的传统而闻名世界——不难理解为什么写出了"荒野三部曲"的麦克法伦是英国人。麦克法伦说："人类之外还有一个世界，森林、平原、草地、沙漠、高山。经历那样的风景能给人一种超越他们本身的宏伟之感，这在当今社会已经所剩无几了。"如果说人类对于荒野的憧憬一开始源自逃离城市的渴望，那么随后更深层次的认知应当是：荒野有助于实现人类对自身的反思。前往荒野并非意味着与人类文明告别，而意味着重新梳理人与自然的关系。我们从哪里来？我们到哪里去？我们该如何与这个世界相处？对于这些人类面临的终极问题，荒野并不能直接提供答案，但却能提供一个绝佳的思考场所。

作为一种介质，荒野已深刻地融入了人类文明发展的过程中。

我第一次做异地城市的规划项目，是在内蒙古的一个边境城市。那是个庞大的工业园区，位于一望无垠的草原之上。当时是冬天，站在工业园区管委会大楼上，目光所及之处渺无人烟，白茫茫的一片。那种辽远、空旷的感觉让人思绪凝结。我脑海中忽然莫名地冒出电视剧《西部警察》的主题曲："站着的石头是长城，躺着的石头是戈壁。"而海子的诗《九月》或许更能贴切地表达我当时的心情："目击众神死亡的草原上野花一片，远在远方的风比远方更远，我的琴声呜咽，我的泪水全无。"

相比城市的人工环境，荒野更能带给人一种自发的、诗意的感动。人类的基因并未与自然母体分离太久。人类居住在城市的历史不过一瞬间，与整个星球的历史相比更是不值一提。而荒野之美的背后，是不同于工业文明的自然主义价值观。它给人最淳朴的教育：景观的演进是一种自然过程，我们所感受到的风景的价值——花鸟鱼虫的律动、惊涛拍岸的水流、无边荒漠的宁静，都是自然的造物，它与我们的感官互相交织。远离城市的自然景观，为我们带来了成倍的激动和快乐，正如《纽约时报》的一篇文章题目——《旅行是否难忘，与到达后手机信号强度成反比》。千百年来人工造景在某种程度上一直是对大自然亦步亦趋的模仿。

辽阔、深沉、荒蛮的原野具有的粗粝的美感，直抵人心，远胜过一切匠心雕琢的人造物。格雷特尔·埃利希曾这样表达对怀俄明荒凉的裂谷的热爱："它那彻底的无动于衷让我震惊。"凡是去过类似地方的人，都会理解她的感受。在壮阔的自然景象面前，人类是如此渺小与易逝。千百年的雨打风吹过，形形色色的文明来来往往，城头变幻大王旗。而山野就在那里，丝毫没有改变，它们冷眼看着人类的花花世界。我们看似占据了一切，但实际上所得颇为有限。

我尤其钦佩那些深入荒野的探险家。他们像是大航海时代扬帆远航的水手，独自离开熟悉的故土，去面对凶险莫测的海洋和完全未知的世界。他们面临物质的匮乏与风险，有着脱离文明世界的勇气。那些在自然环境中独居的作家，都是这样的勇士。乔治·奥威尔在写作《一九八四》时，就独居在巴恩希尔的荒野之中，那里带给他写作灵感。而法国人西尔万·泰松在 21 世纪的今天，重回了百年前的隐士之路。他隐居在西伯利亚丛林中半年，创作了一本献给西伯利亚的情书。脱离了现代科技的他，能做的只是"砍柴、钓鱼、做饭、大量阅读、在山间行走、在窗前喝伏特加"。他把这种生活称为实验："小木屋是一座实验室，一个加速我对自由、静寂和孤独向往的实验台，自创一种慢生活的实验田。"这本书便是他的实验作品。在他的文字中，荒蛮乐土除了带给他心灵的震撼之外，也让人重新审视自己的场所。在这里，一切并非城市中那样可以掌控，一种自然主义的状态，可以让人跳出自我束缚，拥抱更大的可能。土地与人的灵魂可以相互影响。

对于郊野与自然风光的热爱，一直是英国人的传统，这与欧洲大陆国家的都市情结对比鲜明。这种不同，从英国园林和法国园林的对比中便可见一斑。英国园林强调如画式 (picturesque) 的园林营建传统和浪漫主义的本地化。而法国园林则注重规则、几何的美，轴线、比例、对称等是造园的重头戏。在英国园林中，随处可见的自然生长的树木和野花草甸，可以让你随时拥抱自然与野性。直到 20 世纪，从霍华德的田园城市与柯布西耶的光辉城市的对比中，都可以发现这种自然与人工的审美区别。

英国人这种热爱自然的情结，最终在北美大地生根发芽，发展壮大。在美国历史上影响颇深的自然文学（Nature Writing），便是这种自然主义观的绝佳展现。从亨利·梭罗的瓦尔登湖，到 E.B. 怀特的农场小屋；从惠特曼对田野的尽情歌颂，到蕾切尔·卡森对环境保护的呼吁；从爱默生的《论自然》，到艾温·威·蒂尔的"美国山川风物四记"……一代代当年移民的后裔，在新大陆将自然文学发扬光大，被誉为"新英格兰文艺复兴"。相比英国的前辈们，北美的自然爱好者的诗篇有如那里的山河一样壮阔，影响深远。

自然文学中强烈表达的对荒野的热爱，可以说是美国的国家精神的重要组成部分。约翰·缪尔曾说："在上帝的荒野里蕴藏着这个世界的希望。"英国历史学家大卫·洛温塔尔认为：美国人承认欧洲拥有更悠久的建筑遗产，但他们以自己的土地拥有更古老的地质年代为傲。特别是在荒蛮的西部，地质遗迹具有建筑遗产般的审美价值。因而，这个年轻的国家是从丰厚的自然遗产而非历史遗存中寻找到精神的寄托，并将其发扬光大。探索荒野，拥抱自然的力量，是这个年轻的国家和民族的精神所在。

这种"荒野文化"（culture of the wilderness）对美国社会的发展有着深远的影响，遍布全美的国家公园便是其丰硕的果实。提到国家公园，就不能不提到约翰·缪尔，这位"国家公园之父"亦是自然的书写者。他是自然主义者的旗帜性人物，毕生从事自然保护事业。他走遍美国名山大川，不仅创作了《夏日走过山间》《加州的群山》《我们的国家公园》等著作，更是大力参与保护自然的活动。他游说国会和地方政府，并对公众进行宣传，呼吁对生态环境进行保护。缪尔为美国国家公园体系的建立做出了开创性的贡献。他在《我们的国家公园》中写道："成千上万心力交瘁、生活在过度文明之中的人们开始发现，走进大山就是走进家园，大自然是一种必需品，山林公园与山林保护区的作用不仅仅是作为木材与灌溉河流的源泉，它还是生命的源泉。""我用尽浑身解数来展现我们的自然山林保护区和国家公园的美丽、壮观与万能的用途。我持这样一种观点：号召人们来了解它们，欣赏它们，享受它们，并将它们深藏心中，从而使它们的保护与合理利用获得保障。"

在缪尔的不懈努力下,《黄石国家公园法》出台,宣告了世界上第一个国家公园的诞生。如今美国建成各种类型的自然公园四百多处,被称为国家公园的有五十余处。这些国家公园不仅保护了自然环境,也成了美国的国家名片。造访美国的游客,都会去黄石、优胜美地、大峡谷等国家公园游览,进而被那种原始的壮美所打动。按照克劳德·列维-斯特劳斯的说法,和艺术一样,国家公园是滋养想象的荒野之地。

要理解美国国家公园的运作,就要从缪尔的系列作品入手,理解他所坚持的自然主义价值观。美国的国家公园无不坚守缪尔所提倡的"完好无损地留给后代,永续利用"的原则,尽力做到让游客"欣赏但不人文干预"。人们可以在国家公园看到大火后的残存树干也被原样保留。事实上,如果要去清理死去的枯树,国家公园不但要对其进行环境评价,甚至要报国会审批。建设国家公园最重要的条件是什么?我觉得是对自然的热爱。如缪尔所言,"要保护自然首先要爱自然"。我们需要热爱自然原本的样子,静静地欣赏,像朋友一般观望,克制去改变它的冲动。

中国已经成为世界工厂多年,在史无前例的大规模城市化过程中,形成了对自然过度改造的模式。在许多风景名胜区,人工构筑物泛滥,原生态的自然环境已与游客们渐行渐远。在工具理性和技术崇拜的背后,我们的身体已经脱离荒野太久,远离了荒野文明的熏陶。我们的心也在一定程度上过于沉醉于精巧的建造技艺，匠心有余，而大气不足。我们在做规划和建设时习惯于凌驾于自然之上对自然进行改造。绿地被圈起来，像是鱼缸里的金鱼。植物被修剪枝叶，被过度管理，像极了被应试教育所规训的学生。在关于城市化的讨论中，人工环境一直是主流的话题，而自然生长的荒野一直是边缘的话题。

实际上我们的文化传统中并不缺少对于荒野的热爱，或许我们可以从他者的视角来重新审视自我。大洋彼岸的盖瑞·斯奈德被誉为"深层生态学的桂冠诗人"，他像一座桥梁一样，把美国的荒野文化与东方自然山水文化连接了起来。作为自然文学的代表人物，他以写作、修行的方式来与自然对话，不断从荒野中探寻东方的诗意，构建东西方的跨文化交融。他把万物有灵的萨满、东方的禅宗、中国的寒山与王维等山水诗人介绍给西方。他在《禅定荒野》中探寻东方文明之中荒野文化的基因，并从《庄子》《道德经》中获得感悟：即便我们身处狭小的办公室里，灵魂却可以"在荒野中四处游荡、无拘无束"。他将对荒野的"地方意识"上升到佛教和道教的"空""无我"的境界。盖瑞·斯奈德的作品，可以帮助我们重新审视我们的自然主义传统，重新审视人与自然的关系。在荒野之中，我们重拾文化传统，寻求真理，并实现自我。

是时候回头审视被忽视已久的荒野文明了。我们对自然与荒野

贺兰山脚下，目光所及之处皆为苍茫大地

的向往，曾是我们悠久文化的一部分。城市人的心灵深处，不仅有故乡情结，也有对自然旷野的乡愁。我们应当摒弃长期以来工于技巧的匠心——那是城市而非自然所需要的。当我们将人重新置于苍茫大地之上时，人与自然的关联才可以得到真正的修复。

回到篇首提到的《杀人石猜想》一书，作者在书中提出了"大景观"的概念："对我来说，这就是大景观。黄土高原瞬息之间就沉没进了黄河的万古河床……刀锋撕裂夜空的一闪，骏马的长嘶汇入朔风，骤然间一切便了无踪影……古老的问题一再地响起。只有心灵清澈的时候，这个问题才充满生命意义。"大景观突破了传统历史地理的书写，为我们对自然的审视提供了更为开阔的思路。城市建设应当借鉴"大景观"的概念，将荒野纳入自然与人文复合的生态系统。通过重新定义人造环境，我们可以更加深入地思考人类社会的未来。

荒野会让我们保持敬畏之心，让我们通过拥抱荒野，进而与自身和解。电影《普罗米修斯》里有一句话："人生是旷野而不是轨道。"在人生的旅程中，未被发现的风景即为荒野。荒野的风景能让我们发现更多的异趣，挖掘人生更多的可能。我们与荒野的关系，以无畏的探险开始，以敬畏的遥望结束。我们有限的生命，也将融入这广袤悠远、斗转星移的无限时空。

大荒野，大景观，大生命。

一次逃离

前一阵子^[1]，一个被众多网友转发的帖子《我存了五万，准备去鹤岗买房》引起了我的兴趣。帖子讲述的是一位网友从长三角前往黑龙江鹤岗购房居住的经历。该网友了解到鹤岗房价极低的信息后，便果断行动，带着五万元存款前往鹤岗。他用三万多元购置了一套住房，又花一万多元装修并购置生活用品。据这位网友说，他移居鹤岗是为了找一个物价低廉的地方隐居。他还在百度贴吧里全程记录了自己离开长三角、辗转鹤岗去买房的经过。网友们甚至在鹤岗贴吧里看到了他咨询装修事宜的帖子，这证实了这位隐居者行动的真实性。一般来说，这样的故事多半只会沦为网上的谈资，很

[1] 本文写于 2019 年夏，当年一篇用五万元去鹤岗买房的帖子，开启了鹤岗在互联网上"走红"的历程。

难引起波澜。故事的主人公平淡无奇，虽然做了大城市的逃兵，却也做得毫无特色，很难成为网红。尽管大多数人的生活都像白开水一样，但像白开水般的故事却从来得不到关注。

近年来，我因为关注收缩城市 [1] 而注意到鹤岗这座城市。鹤岗这个地名对于黑龙江省外的很多人来说相当陌生。近年来，关于那里房价很低的新闻报道陆续出现。新闻中说，那里的房价一平方米不过三百多元，一套房总价才几万元。这些"耸人听闻"的数字，让许多人知道了东北有这么一座小城，在全国房价高企的形势下，还能保持这么"怡人"的房价。低房价的背后，是城市经济下滑、人口外流的衰退形势，这也是东北地区一些城市的缩影。而对鹤岗这样的煤城来说，"白菜价"的房子，则是资源型城市资源枯竭和产业转型乏力的表现。

在这个时代，城市与人一样，都是成功学的信徒。白领们沉迷于机场书店里的成功学书籍，网民们则惦记着各个排行榜上自己所在城市的位置。一线城市向着全球都市全力出击，新一线城市跃跃欲试，二三线城市也个个野心勃勃。按照常规的观点，收缩城市显然不是各类城市榜单上的成功者。那位鹤岗的隐居者，在世俗意义上也是一个逃避者或是失败者，与这个时代努力奋斗的主旋律也完

---

[1]2019 年的官方政策文件中首次出现了"收缩城市"这个名词。

全不符。在他的帖子下面，甚至还有一些本地人质疑他的选择："我们都往外地跑了，你怎么还过来呢？"

但我却认为这是一个动人的故事，它甚至有着积极的意义。在波澜壮阔的时代主题下，城市和居民的个体命运还能产生这样微妙的关联，足以打动我们的内心。在收缩城市的"元年"，一个并不成功的城市，为一个不成功的人提供了安身之地。在这种戏剧性的巧合中，我看到了城市另一个角度的优雅与温柔，它抚慰着个人的渺小与失落。根据这位买房者的叙述，他在鹤岗看了几套房子后，选择了一个便宜的顶层小户型，然后便开始准备简单装修。按照他的计划，他后续准备半年工作，半年休闲。这里生活成本不高——按他的调查，人均消费10元的小饭店比比皆是，而独居人士可以一人吃饱全家不饿。如果工作的话，当地有不少每月两千元收入的工作机会。他自己也可以在网上工作，每月赚取四五千。一个隐居人士的乌托邦即将呈现在我们眼前。有网友介绍，在这个人发帖的流浪贴吧，不少有隐居想法的网友都有过前往边远小城的实践。之前曾经有人去房价更低的玉门，计划包下一栋楼，改造为流浪青年公寓。在戈壁滩上那个濒临废弃的石油城，这种计划颇有一种末世狂欢的嬉皮意味。不过由于种种原因，这个计划最后并未实施。

有人说对于大都市的逃离本质上是一种对于资本驱动的内卷竞争的反抗。人人都有跳脱出现状的冲动，但更多的人只能在心中幻想远方，用"心远地自偏"之类的理由聊以自慰。而这个说走就走的隐居者，表达了一种广泛存在的、敏感又微妙的情绪。他让我想起了约翰·厄普代克在《兔子快跑》中描绘的那个逃离乏味家庭生活的中产者，也让我想起电影《阿甘正传》中用跑步来对抗迷茫的阿甘：在跑步穿越美国之后，满脸胡楂儿的阿甘，突然停下并回过头来看身后众多的跟随者，大家都一脸愕然。那个镜头让人难以忘怀。还让我联想到曾经轰动一时的在西雅图偷飞机的人。一个工作勤勉的机场地勤职员，在某天趁人不备，偷偷开走一架未载客的小型飞机，翱翔于山海之间。他在飞机坠毁前与地面联系说他只是为了去海上看一条背着自己幼崽尸体的逆戟鲸。他甚至让我联想到纽约公交车司机威廉·西米洛的故事。一个人到中年的老司机，在开了 17 年路线固定的公交车后，于一个阳光灿烂的早晨，突然改变了行驶的路线，一路将车开到距离纽约 1300 千米的佛罗里达海滩。返回纽约后，他却因此声名大噪。按照媒体的话说，"他做了每个人都想做的事"。

我在去鹤岗买房的这个人身上，再次看到了这种逃离的故事。与纽约公交司机脱离固定行驶路线类似，他也选择了偏离轨道的人生，来到一个"偏离轨道"的城市。在我们的主流认知中，人口总是从农村向城市、由经济衰退地区向经济发达地区流动，而他却反其道而行之，即便面对网上质疑，也是"虽千万人吾往矣"。在我们的概念里，城市是永远增长和扩张的，但实际上相当数量的收缩城市已经开始出现，这动摇着我们长期以来秉持的增长主义城市观。在我看来，这位逃离的人和收缩城市一样，都在对我们传统、单一的主流叙事提出挑战。事实上，虽然近些年唱衰东北之声不绝于耳，但一些另类的故事也在不断发生着。一些厌倦了城市、向往自然的年轻人，来到大兴安岭的小镇，开展自给自足的生活实践，那里或许会成为北国的大理。位于中东铁路上的小镇横道河子，凭借独特的历史建筑和自然风光，吸引了一批油画艺术家居住。在整体人口外流的地区，一些地方凭借独特的因素，展开了不同以往的人与空间的叙事。

城市是人性的投影，我们曾用繁盛的欲望，编织了一个个庞大、繁复、绮丽的梦，它们不断弥漫直至充满了世界的每个角落。然而人性又是何等丰富，隐匿的情绪依然存在，反城市的隐居梦同样在一些群体中暗流涌动，退与进的渴望一样深似大海。城市和人生一样，有进取的力量，也就有退出的可能。这种逃离，是对爱德华·格莱泽的《城市的胜利》的另一种补充。这依然是城市的胜利——繁荣且增长的大城市为人们的参与提供了主流的舞台，而收缩的小城市则为人们提供了逃避的空间。城市中有多样的人群，也有着无限种可能的生活。

我并不想在这个无比崇拜成功的年代里为这样一个逃避者辩

鹤岗街头，常见廉价房屋的出售广告。远方是一个桃花源，还是一座围城？

护，也不想劝人们去偏远小城过远离世俗的生活。我想表达的是，相对于城市增长或者收缩的宏观数字，一个微观个体命运的变化或许更值得讲述。这是一个鲜活的个体城镇化的故事，是一个人与一座城的共情。它表达了滚滚红尘中的个体意志的存在，代表了我们寄托在城市中的复杂感情。对于我们经常提到的以人为本的城市观，它提供了一个别样的注脚。

这便是这个微不足道的故事的重要意义。在这个燥热又沉闷的夏天过去后，人们还会记得些什么？可能有人会记得明星粉丝的"打榜战争"，记得香港社会的焦灼与割裂，记得老将帕奎奥击败比他年轻十岁的拳王瑟曼，记得马斯克发布了脑机接口系统……而在大众的目光之外，我会记着这样一条不是新闻的新闻：一个收缩城市，给予一个逃避者以梦想——哪怕这个梦想既不励志，也不崇高。

建业

我人生中第一次现场看球，是在河南省体育场观看河南建业队的比赛。1997 年，我刚上初中。那时国内足球赛刚商业化不久，球市火爆异常，顶级联赛甲 A 搞得如火如荼，次级联赛甲 B 也不遑多让。我算不上是球迷，只是偶尔看热闹。同班同学牛哥算是我的足球启蒙老师，他给我介绍意甲联赛：AC 米兰和尤文图斯，巴蒂斯图塔和罗伯特·巴乔。在他家里，我第一次在电视上观看了国足比赛的直播。那是国足在世界杯预选赛里最著名的被逆转之赛：主场先赢后输，大连金州不相信眼泪。我们也关注自己所在城市的主队——河南建业队。当时学校门口的三轮车报摊是我们的信息中心。除了《体坛周报》《足球报》，我们同样爱看一份叫《大河报》的地方都市报，里面的体育版面有大量关于河南建业的消息。我们在报纸中翻看当时甲B联赛的排名，能看到前卫寰岛、青岛海牛、沈阳海狮、广州松日、火车头等一众球队，这些名字早已湮灭，现在念起来历史感十足，只有部分老球迷还记得。

那年年底，随着国足在世界杯预选赛上铩羽而归，大家更多地把目光转移到河南建业身上。在那个赛季的下半程，建业队一路狂飙，冲击甲A的呼声越来越高。在倒数第三轮的客场比赛中，河南建业战胜了冲A对手广州松日，积分排到第三，前景一片光明。随后，坊传广州松日的一位沪籍主教练，动用各种关系，要求上海两支球队在最后两轮全力阻击河南建业。倒数第二轮，在建业和上海浦东的比赛中，裁判把建业队的核心球员尤里安罚下，同时还给了另外两名罗马尼亚外援各一张黄牌，这导致罗马尼亚"三剑客"全部无缘最后一轮比赛。整个联赛的气氛顿时变得诡异了起来。

于是最后一轮对阵上海豫园的主场比赛，成为建业队冲A的生死战。那场比赛一票难求。从没有在现场看过比赛的我被牛哥告知，他在省体育场当保安的表哥能带我们进去。那天是周日下午，我到花园路上的一个家属院去找牛哥。随后我们一起骑车，直奔健康路上的河南省体育场。快到省体育场时，眼前的马路乌泱泱挤满了人，交警在引导着瘫痪了的交通。到了体育场外，周遭已经是人山人海，只是站在球场外面，就能感受到那种集体的亢奋。成千上万的球迷穿着建业的主场队服，组成了一片红色的海洋。人们举着

在前互联网时代，足球联赛的赛程和对于球队升降级结果的预测，
全靠在纸上手写推演

郑子蒙 / 供图

横幅，敲锣打鼓，像是在过大年。许多球迷吹着小喇叭，既是为建业加油，也在提前准备庆祝。各地的球迷协会打出红色的旗帜，像是古代军队的旌旗。从他们的旗帜上能看到新乡、平顶山、许昌等地名，全省各地的球迷都汇聚于此。我也是第一次看到那么多武警，他们严阵以待，表情严肃，随时准备维持秩序。

我们来到体育场旁一个家属院门口，把车停在一棵小树旁。我先用链子锁把我俩的车锁在一起，再用另一把链子锁把车锁在树上，双保险。随后我们从球迷的洪流中穿过，来到体育场门口。那时候很少有人有手机，接头全靠提前约定。我们在约好见面的那个入口等了很久，看着一拨拨球迷鱼贯进入，却始终没有看到牛哥表哥的身影。我问牛哥，还有啥办法能联系到你表哥吗？牛哥说，我表哥前几天刚买了个 BP 机，摩托罗拉汉显王，拉风得很，可是号码我记不住啊，现在回去找电话号码簿也来不及了。比赛临近开场，许多没票的球迷被堵在门口。人群如潮水般一次次向入口发起冲击，但又在安保人员组成的磐石前无功而返。我们夹在其中，瘦小的身躯在人潮中随波逐流。最终我们被推出来，只好无奈地在一个又一个入口寻找机会，但都找不到进去的可能。只有场外的黄牛跟着我们，向我们推销不知真假的球票。

最终，我们被困在场外，和那些因买不到票而滞留的球迷一起，听着场内传出的阵阵呼声，愈发觉得沮丧。等了半个钟头，入场无望，我们便准备动身回家。回到那个家属院门口的小树旁，在开自行车锁的时候，我偶然瞥见一些头戴红头巾的球迷，急匆匆地往一个居民楼走去。我说："这些人在干什么呢？"牛哥警觉地拉着我说："走，跟着他们。"于是我们便跟着人流，进入那个老旧小区的民房。在一个破旧的单元门口，人流鱼贯而入。楼道里没有灯，像是一个幽暗的洞穴。沿着黑洞洞的楼道爬到顶层，再借助一个梯子爬上楼顶，竟来到一处看球秘境。站在楼顶上，俯瞰前方，省体育场完整地映入眼帘。楼顶上既有激情的球迷，也有本小区看热闹的居民。对于后者来说，建筑在空间上的组合形式，无意间为他们的日常生活提供了福利。

于是我们就和大家一起，站在楼顶看完了下半场的比赛。身临现场才发现，足球真的是很像战争的游戏：双方在原野上排兵布阵，你来我往，捉对厮杀。攻防不断转换，战士们猛烈地向前掷出自己的躯体，进攻激烈，防守铁血。战士们不断搏击、跌倒、受伤、流血，前赴后继。球场内氛围热烈，但比赛内容则乏善可陈。主队球员不断地被吹犯规，比赛变得支离破碎，节奏极不连贯。场内的硕大的比分牌上始终是 0∶0，一直到终场。这个比分意味着之前已一只脚迈入甲 A 的建业队，最终冲击甲 A 失败。比赛结束时，一些球员像泄了气的皮球一样，躺在球场上不动弹，不知道是因为疲惫还是因为心碎。球场仿佛是激战后的战场，黯兮惨悴，一片凄凉。

全场球迷对黑哨的愤怒，此刻化为此起彼伏、山呼海啸的音浪，像是无数只困在笼中的野兽在集体嘶吼。许多球迷点燃垃圾，在球场的座位区燃起火堆，远远望去，火堆像暗夜中闪烁的星光，那场面像我们在电视上看到的意甲联赛赛场一样。

站在我旁边的球迷们，有人表示惋惜，有人则在怒吼。有消息灵通的球迷说竞争对手广州松日升级成功了。住在这楼上的居民们则大多面无表情，纷纷回家做饭。牛哥情绪低落，一言不发。我刚开始看球，还不太能体会老球迷们的伤感。那时候没有雾霾的说法，但天空也是灰蒙蒙的，站在楼顶看不清楚远处。初冬时节，空气像是含有重金属一般沉重。北风呼啸，天空越发阴沉，好似老人饱经风霜的脸，周遭弥漫着华北平原特有的一种压抑。我打了个哆嗦，和牛哥一起随着人群钻出那个漆黑的楼道，原路返回。在我们骑车回去时，红色的潮水从体育场的各个门口涌出，激荡出愤怒的浪花。人群聚集在体育场周围，久久不愿散去。一个膀大腰圆的男人，光着上身，披着标语横幅，站在广场上号啕大哭，像是襁褓中的婴儿那样毫不掩饰。旁边几个球迷悲怆地挥舞着大旗，还有人把碎纸屑抛向空中，像是农村送葬出殡的场景。路边的音像店门口，一个巨大的低音炮在循环播放着当年最火爆的单曲《心太软》。痴情的男中音在吟唱："你无怨无悔地爱着那个人，我知道你根本没那么坚强。"路边的落叶，被音箱震得有节奏地颤动。时间的河流

当年的报纸上，伤心的建业队外援尤里安

郑子蒙 / 翻拍

正猛烈地撞击着体育场，河中有浮冰支离破碎，像是冬日黄河上崩塌的冰凌，满满都是心碎的声音。尔后水流逐渐凝滞，折返，缓缓地倒流回梦里。一切傲慢、谎言和羞耻，都没入冰水之中。

回家之后，我们又在电视上看到了建业球员的眼泪，看到了罗马尼亚外援的困惑，更看到了那位沪籍教练著名的"谢天谢地谢人"。这句话争议颇大，不只刺痛了河南球迷的心，更引发舆论一片哗然。大多数中立的球迷都站在河南建业这一边，很多人觉得这句话彻底撕下了中国足球的遮羞布。因为此事，足协也陷入了信任危机。河南建业的罗马尼亚外援尤里安在接受央视采访时，对着镜头愤怒地嘶吼："中国足球 too money，建业 no money！"这场比赛，成了我关于 1997 年最后的记忆。那一年，"香港回归，三峡治水，十五大召开，江主席访美"[1]，房改即将揭开大幕，下岗潮激荡工人新村，最强一代国足仍未冲出亚洲，一句"谢天谢地谢人"言犹在耳。球场点燃火堆后，最终坍塌为寂寥；球迷身处泥沼，但心中有海。

第二年，我升上初二。我们班在参加校内的足球和篮球比赛时，受到了来自学生会的裁判员的不公正对待，有同学打出了"严惩黑哨，还我公道"的标语，那正是建业球迷在冲 A 失败后的那个赛

---

[1] 借用 1998 年春晚小品《拜年》中赵本山对 1997 年度的总结。

季里用过的标语。在'98赛季，建业队被"烟草联盟"联手打压，直接降入乙级。

对于初中生来说，更多的人还是关注国际足坛。世纪之交那几年，1998年世界杯和2000年欧洲杯两届大赛群星耀眼，伴随着激情与躁动、狂热与沉沦。我并不是严格意义上的球迷，只是偶尔在报纸上零星地看到建业队的消息。从初中到高中再到大学，那些年里，建业队在甲B和乙级联赛之间沉浮，好几次差点冲A成功，但最终总是差一口气。2000年时，老的省体育场被爆破拆除，取而代之的是高端地产项目，健康路一带也成为体育用品专卖店聚集的地方。有时候去那里买东西，会感觉自己进入了多个重叠的画面之中，像是电影里回忆过去时的场景：画面逐渐变淡、失焦，消散。当我试图清晰地捕捉回忆瞬间时，注意力总是游离，被现实冲得漫无边际。

那段时间国内足坛颇为热闹。国家队冲进世界杯，众人以为是开始，没想到却是终点。国内联赛则假球黑哨横行，从甲B五鼠、实德系，再到"金哨"陆俊和黑金交易，你方唱罢我登场，牛鬼蛇神都在日后的反赌扫黑风暴中逐一现形。建业队那几年也四处流浪，颇有风雨飘摇之感。球队的主场在新乡体育中心、洛阳西工体育场和郑州航海体育场之间不断变换，差点走遍中原城市群。球队名字也一度加上了"黄金叶""红丝带""四五老窖"等不同后缀，简直像个日杂百货铺。后来我到上海读大学，和同学去豫园观光。我当时就想起了当年甲B的上海豫园队。据说豫园这个名字，是选取了"豫"这个字蕴含的"平和"之意。而1997年的那场此"豫"与彼"豫"的交锋，想起来总是耐人寻味。

2006年，建业队夺得中甲联赛冠军，升入中超，这才重新回归大众的视野。记得那时媒体对建业队有着"杀富济贫"的描述：专克强队，却时不时给弱队送温暖。由于屡屡将强队斩于马下，建业队也有了"专治各种不服"的赞誉。甚至在某一年的联赛中，建业一度占据榜首半个多赛季，并最终以季军的身份杀入次年的亚冠比赛。我印象最深刻的是，建业队一直保持着平民球队的特色。哪怕是进入中超后，球队也一直没有什么大牌球星，从来没有重磅引援，也鲜有八卦绯闻。俱乐部在场外也极少炒作。低调、平实的特点，倒也和中原大地的厚重契合。

2007年我到北京读研，认识了另一位来自河南的牛哥。这位牛哥是平顶山人，在郑州读的本科，因读硕士来到北京。他认识河南建业球迷协会的一些人，有一次给我们班送了一些建业队在北京比赛的票。比赛那天上午，牛哥和球迷协会的朋友跑到机场去接机。下午，他带着我们班男生一起去工体看比赛。球迷协会给了我们头巾、旗帜，以及助威用的乐器。我们敲锣打鼓，从学校出门过天桥，坐地铁，一路喧嚣地来到工体。在观众席坐下后，我们在国安球迷的绿色海洋中颇为显眼，引得一些球迷侧目而视。

那场比赛中，两队实力差距明显。建业这边大部分时间蜷缩在自己半场，伺机反击。球队最大牌的外援奥利萨德贝作为单箭头顶在前面，伺机冲击国安的球门。有两次他的头球擦杆而过，足球直飞台上，引发观众席上的大呼小叫。看台上，两队球迷被铁栏杆隔开，隔空对骂。那边国安球迷集体骂"傻×"，这边一个建业球迷用河南话吼回去"你傻×"，稚气的声音，瓮声瓮气的，引发众人一片哄笑。那场比赛，建业0∶2输给了主场作战的北京国安。比赛无关联赛排名，球场里火药味也不浓。我们没像铁杆球迷那样亢奋，只是平静地欣赏比赛，时不时敲锣打鼓，鼓噪氛围。记得牛哥说："要是毕业后回郑州工作，也可带劲啊。每周末能去看建业的比赛。"我说："中啊，那就回去呗。"若干年后，牛哥在北京创业当老板，偶然碰面，我提起这段往事，问他还去看现场比赛吗，他摸了摸圆滚滚的肚子说："忙得跟孙子一样，去×吧！"

参加工作后，时间越来越少，别说现场看比赛了，就是在网络上看直播都越来越少，大部分情况只是在赛后浏览一下体育新闻。那几年，金元足球大行其道，建业这种过于平淡的球队，很少能占据新闻的头榜。2014年底，有一天我在办公室突然接到一通电话。来电的是我的一个中学同学，他现在是河南某市的球迷协会会长，这次带队来北京为建业队助阵。他对我说，这是联赛最后一场死战。

国安要是赢了，有可能夺冠；建业要是输了，就要降级了。我听得有点蠢蠢欲动，想偷偷溜出去，跟他一起去看球。奈何还没开始行动，便被领导叫去开会了。等到开会结束，我收到他发来的微信："0：0，建业保级。"

我这个同学是江苏人，初三时跟着做生意的父母来到郑州，转学到我们班。一开始他和我们格格不入，后来大伙一起踢球，才逐渐熟络起来。初中毕业后他去了河南另一个城市，我们便很少联系。没想到多年后因为建业队又重新联络起来。不过加了微信之后，他除了时不时给我发一些比赛的信息，便是以各种理由找我借钱。我听其他同学说，很多人都被他借过钱，随后无下文，我便再也没有回复他。过了很长一段时间，我联系他问问近况，发现已经被他拉黑。而他的头像不知道什么时候也换了。之前的头像是他的自拍照，现在换成了一个球员的背影，点开小图一看，正是建业队的传奇球星——8号宋琦。

"建业"这个名字来自一个深耕中原的地产企业——建业集团。从20世纪90年代中期开始，二十多年里，建业队成为少有的一直没有变更冠名的球队。从企业营销的角度讲，建业投资足球的战略是成功的。伴随着河南建业队一路走来，建业集团也发展为河南最知名的地产公司。

建业的老总、董事长是球迷和非球迷们的谈资，相比真实的经济逻辑，人们更喜欢那些虚无缥缈的市井传说。后来我去豫中地区做村庄规划，一路经过若干县城，发现建业的楼盘往往占据最好的位置，也卖着最高的价格。冲超成功后的建业俱乐部甚至还买下了航海体育场，成为中超第一个拥有自己专属球场的俱乐部。

我是一个没有故乡情结的人，在成长的过程中漂泊过好几个城市，很少对哪里产生过家乡的感觉。我对郑州的感情也比较淡薄。郑州并没有深厚的城市历史和突出的文化特色，只是近代以来因地处交通枢纽，各色人等才从四面八方汇聚于此。足球俱乐部作为舶来品，与这座火车拉来的移民城市的基因倒也契合。这个在文化形象上模糊的城市，因为建业队，也得以拥有了一张城市名片。从曾经的省体育场，再到航海体育场，球场作为重要的公众交往场所，为市民精神的培育和表达提供了空间。经过这么些年的成长，足球显然已经在这座城市的文化生态中生根发芽。因此，当足协要求各俱乐部进行"中性化"改名时，河南建业该如何改名也引发了很大的争议。很多球迷觉得"建业"不只是企业的名字，这两个字已经与这支球队融为一体。最终，郑州市、洛阳市和建业集团达成三方协议，将建业队改名为河南嵩山龙门足球队，郑州、洛阳成为球队的双主场。

我曾有一次坐火车去南京出差。夜里躺在卧铺上，读了两本关于南京历史文化的书。书里讲到三国时孙权在南京建都，命其名为

"建业"，寓意"建功立业"，这座偏安一隅的城市首次成为国都。第二天早上我被乘务员叫醒，睡眼惺忪地看了看窗外。火车正过长江大桥，浩荡江水滚滚东流。我一下子似乎从文字中醒来，恍惚穿越古今。过江之后，火车与幕府山擦肩而过，远处则是云雾缭绕的钟山。出了车站，眼前出现的是大气沉静的玄武湖，我不由得感慨这里真是山水形胜、虎踞龙盘。"建业"这个名字又在脑海里冒了出来，真是个好名字啊！不过历朝历代，想要建功立业，显然需要问鼎中原。建业或许并不属于哪个企业和足球俱乐部，而是中原地域文化的一部分。

回忆过往的时候，关于足球和关于城市的记忆常会交织在一起，这种回忆很多时候并不那么美好。我对于建业队印象最深的一场比赛，依然是第一次在现场目击球队冲A失败。这份回忆实在让人唏嘘，以至于每次在荧幕上看到接受鲜花和掌声的那位沪籍教练时，"谢天谢地谢人"那句话总会回荡在我耳畔，像一把在空中回旋的匕首，反复划过早已结痂的伤口。非典那年，我们高考，选修科目都在健康路附近的七中考场考试。考试结束后，我推着自行车走出校门，与牛哥不期而遇。我们初中毕业后没有读同一所高中，也断了联系，三年不见，没想到又在这里重逢。在一起回家的路上，我们一边议论着那年变态的数学试卷，一边畅想着未来的大学生活。骑车经过健康路时，牛哥说，之前这里有个体育场是吧？我说是啊，咱们还来看过球，不过没混进去，是在外面居民楼楼顶遥望比赛的。他说想起来了，那年建业被黑了，真气人。牛哥接着说，高中这几年，我也跟过建业队的比赛，去过新乡，也去过洛阳。可以跟着球迷协会的大巴过去，两三个小时就到。我攒了几年钱，今年买了建业的年票，别看高三很忙，周末我也都去现场，雷打不动。不过要是考到外省上大学了，这下半年的比赛可就看不了了。省外可不比新乡、洛阳啊，我去年暑假去上海旅游，早上坐火车，夜里才到那儿，可远。我说是啊，是啊。

陆地冲浪

最近两年，滑板运动重新回归大众视线。特别是随着滑板在东京奥运会上成为正式的奥运项目后，各大城市纷纷涌现出滑板热潮。在各色滑板中，相比最常见的双翘，陆地冲浪板因其门槛更低、对新手和大龄人士更加友好，成为中产阶级的时尚宠儿。

从本质上讲，各种板类运动都来自对于冲浪运动的陆上模仿。其中，陆地冲浪板可以说是最接近冲浪的。它依靠橡胶或者弹簧结构的推进器，无需用脚蹬地，通过身体的左右倾斜便可实现前进，大号软轮的使用，可以实现高速稳定的滑行。更重要的是，滑行中的压弯倾斜，能非常逼真地模拟冲浪的失重感，因此美国和澳大利亚的许多冲浪运动员都逐渐开始使用陆地冲浪板进行辅助训练。

陆地冲浪板作为这轮滑板热潮的主力，借助于社交媒体吸引了一大批爱好者。作为年龄即将步入四字头的中年人，我厚着脸皮加入了一个平均年龄二十岁出头的线上滑板社群。除了感受到群友们青春洋溢的气息，群的公告同样让人印象深刻："你喜欢自由吗？滑行就已经是最大的自由了。"

滑板运动不仅是冲浪运动在陆地上的替代品，更衍生出一种文化。看看那些著名滑手对这项运动的评价吧。托尼·霍克（Tony Hawk）说："滑板是一种艺术，是一种特别的生活方式，其次才是一项运动。"史蒂夫·威廉（Stevie William）认为滑板就像是一首诗。罗德尼·马伦（Rodney Mullen）则把滑板运动当作一种冥想。

对我而言，滑板可以带来一种全新的空间感受。雕塑艺术家安东尼·葛姆雷认为人体的姿势是一种空间的表达："每个人体都是一种开放式的邀请，让你想象到在这样的空间当中怎样去进行表达和舒展。"陆地冲浪板的 carving、pumping、slide、lay back 等各种动作，通过身体的压缩、折叠、拧转，能让人获得对空间的崭新视角和感知体验。就像滑手 Shaun White 说的那样，玩滑板是让身体控制思想的一种方式。只需一块滑板，即可在脑海中重新定义周遭的世界。对于没有假期去海边冲浪的上班族们来说，站在陆地冲浪板上，通过一面寻常的水泥斜坡，就能做出浪尖急转和浪底回转的动作，从而获得海浪般的流动感。这是一种全新的体验，在日常行为所产生的肢体动作之外，身体获得了一种重新触摸大地的方式。

疫情期间，有一个月全北京市的商业暂停营业。那时我经常穿着缤纷的夏威夷衬衫，到奥林匹克公园滑滑板。在一群群青年人中，也会时不时闪现中年大叔的影子。伴随着自由的滑行，我内心深藏已久的叛逆与狂野逐渐释放出来。恍惚间，眼前似乎是滑板兴起的20世纪70年代加州那粗犷干燥的街头。

段义孚在《空间与地方》中提出："地方不只是城市和街区，地方也可以是壁炉、最喜欢的扶手椅。"按照这个理论，我脚下的滑板，就是一块能够为人提供情感支持的小"地方"，是我们和大地的情感纽带。它和一双合脚的鞋、一辆舒适的车、一张温暖的床并无本质区别——都是让我们和环境建立连接的媒介。陌生的都市如同浩荡的海洋，每个人都是一个孤岛。但小小的聚氨酯滑轮，让一个个孤岛在海浪中漂移起来。相似的情感，总会让相似的人们相遇。